著 西郷甲矢人 + 能美十三
SAIGO Hayato　NOUMI Jyuzou

指数関数ものがたり

日本評論社

まえがき

　数学の世界は広い．そして豊かだ．それを究めつくすことは決してできない．「数学が苦手」「数学は嫌い」と思っているひとも多いが，実はそのひとの胸を高鳴らせる数学的現象にまだ出会っていないだけかもしれない．

　著者のひとりである私（西郷）は，長浜バイオ大学という琵琶湖のほとりにある大学で数学を教えながら生活しているが，あるとき教え子から「私はどういうわけか昔からドーナツ型に胸の高鳴りを覚えてしまうんです」という突然の告白をされて仰天したことがある．もしその告白が真実ならば，たとえば「ワイエルシュトラスの$\wp$関数」に出会った瞬間，彼女は恋に落ちてしまうのかもしれない．

　だが，そんな出会いを経験する前に，多くのひとびとが数学との付き合いを絶ってしまう．別にすべてのひとが数学好きであるべきだなどと無茶なことを言うつもりはないが，早まって数学嫌いになるのはやはりもったいないことだとは思う．誰もが，とまではいかずとも，少しでも多くのひとが胸の高鳴りを覚える現象にたどり着けるような，数学の世界への入口はないものだろうか．必ずしも数学に強い興味をもたない幅広いひとびとにも役立つ一方，数学を愛してやまないひとびとにも納得してもらえる入口とはなんだろうか．

　そのような「数学の世界への入口」の第一候補ともいうべき，「指数関数」が本書のテーマである．指数関数について語ることは，どうしても数学全体について語ることになる．「足し算を掛け算に変える関数」というその理念自体はきわめて代数的なものである一方，その性質を理解しようとすればどうしても微積分や複素解析の体系が必要となり，フーリエ解析や超関数論，確率論の話題にも直結する．いや，それどころか数学のみならず科学全般において指数関数は不可欠の役割を果たしているというべきだろう．指数関数は科学全体を包みこんでいるのである．

　これほど重要な指数関数について「ものがたる」などという仕事を，私のように不勉強な数学教員がなさねばならない場合，美酒に酔いしれて気を大

きくでもしなければ無理というものである．そしてせっかく盃を傾けるならば，これはどうしてもよき友と語り合いながらでなければなるまい．そういうわけで，この書はどうしても対話形式とならざるを得ないのである．その対話相手には，学生時代からの畏友・能美十三を選んだ．もちろんそれは単に酒を飲むための理由付けなどではなく（そう思われたなら心外だ），もとはといえば日本評論社の入江孝成氏が私には余りに荷の重い仕事を依頼してきたせいなのである．

そう，本書のすべては，入江氏より届いた一通のメールから始まった．「小誌連載のご相談（数学セミナー）」と題された，2015 年 10 月 29 日のメールである．私の使っている Gmail（Google が提供しているフリーメールサービス）がせっかく気を利かせて「迷惑メール」ボックスに入れておいてくれたというのに，いつもはおろそかにする「迷惑メール」ボックスのチェックをなぜか行ってしまう．そのときまでメールに気づかず返事が遅れた申し訳なさに，あわてて「連載します」と返事してしまったのが運の尽きであった．こうして『数学セミナー』誌 2016 年 4 月号から 2017 年 3 月号までの 1 年間，能美十三ともども，ひたすら肝臓に悪い日々を過ごすこととなる．

そのように身を削りながら生みだされた連載をまとめたのが本書である．連載時の雰囲気を少しでも味わっていただけるよう，加筆訂正は最小限にとどめた（面倒なだけだろうと思われたなら心外だ）．そのため，単行本としては奇妙な表現が随所に残っているかもしれないが，それは読者が「私はいま雑誌の連載記事を読んでいるのだ」と思っていただければそれだけでザッと済むことである．そのお詫びといってはなんだが，附録だけは書き下ろした．楽しんでいただければ幸いである．

なお，本書の内容は，長浜バイオ大学における講義「数理科学Ⅰ」および「数理科学Ⅴ」の講義内容を膨らませたものである．拙い講義に付き合ってくれた数多くの学生たちに感謝する．とりわけ濱野美紗氏には，附録の書き下ろしにおいて貴重な意見を寄せていただいた．

それにしても感謝というのはなかなか難しいもので，いったんしはじめるときりがなくなるものである．能美十三はそれゆえ一切謝辞を記さないことに決めたという．しかし，少なくとも，学生時代から絶えず私たちを激励してくださった堤誉志雄先生に感謝しないことは人道に悖(もと)るであろう．もちろん西郷が学生時代より共同研究者としてつねに真剣・対等に接し続けてくだ

さった小嶋泉先生にも，指数関数的に増大する感謝を捧げたい．また，本書の内容の一部は，共同研究者である酒匂宏樹氏，原田僚氏，安藤浩志氏，長谷部高広氏，岡村和弥氏らとの議論に基づく．諸氏にも深くお礼申し上げる．また，連載時に大津元一先生にいただいたお励ましにもこの場を借りて感謝いたします．故・飛田武幸先生に本書をご覧いただけなかったことは痛恨の極みですが，この奇妙な本との出会いをきっかけに，先生の切り開いて来られた「美しいゆらぎ」の数学に興味をもつ読者がひとりでも現れてくれればと心から願っております．

もちろん入江孝成氏をはじめ日本評論社の方々，そしてお目にかかったことはないがいつも見事な仕事をしていただいた精興社の皆様にもお礼申し上げます．その他，連載・出版を支えていただいたすべての方々に心から感謝申し上げます．また，本書の成立に不可欠であったさまざまな飲食店の方々，とりわけ「そば鶴」および「シナモ」の皆様にも感謝いたします．「シナモ」店主の伊集院民雄氏には，登場までしていただきました．また，今野紀雄先生，瀬川悦生氏らとの痛飲からは，本書のいくつかのモチーフを得ました．さらにはさまざまな食材や酒を造った方々の労働，またそれを直接間接に支える全世界の労働者たちに感謝します．そういえば，もちろんながら指数関数をめぐるさまざまな数学的探究を続けてきた古今東西の数学者たちにも感謝しなければなるまい．いや，そもそも「足し算・掛け算」を発見／発明してくれたどこかのだれか（複数？　無数？）にも感謝しなくては．そしてそれらすべては，悠久なる生命の歴史の上にはじめて成り立つものである以上，生きとし生けるものに感謝しなければ理屈が通るまい．「生き物として生まれたものは何であれ，ふるえ動くものであれ動かないものであれ，あるいは，全体であれ，長くても，中くらいでも，短くても，微細でも粗大でも，見えるものでも，見えないものでも，遠くに住んでいようと，近くに住んでいようと，生じたものであれ，生ずることを求めているものであれ，一切の生きとし生けるものが，快適であるように」（『スッタ・ニパータ』146—147，石飛道子訳）．この見事な言葉を残したゴータマ・ブッダにも感謝する（そのブッダに関する議論にお付き合いくださった石飛道子氏，田口茂氏にも感謝する）．

一切衆生に感謝の対象を広げた以上，さすがにこれで感謝の「漏れ」はないと思われるが（山河大地，ビッグバン等も含めるべきかもしれないが），や

はりあらためて，西郷および能美の家族に感謝したいと思う．西郷は，西郷の子どもたちとその母親から日々「生きる」ことについて学んできた．先述の通り能美は熟慮の末断然謝辞を割愛することにしたそうだが，少なくとも能美のご両親がおられなければ能美も存在せず，また姉上の存在なくしてはこんな能美にはなっていないだろうから，これらの方々に感謝を申し上げます．同様に西郷の両親にも感謝したい．父・西郷竹彦（文芸学者）は昨年銀河鉄道に乗ってこの世から去ったが，すでに生まれかわっていないとも限るまい．もしも仮に人間界に再び生まれかわったならば，ぜひいつか本書を読んで，胸の高鳴る数学的現象に出会ってもらえれば幸いである．そして，父を見送る大仕事を成し遂げた母にも，新しい趣味の一環として，本書を読み進めることを勧めたい．

そして，最後に，いまここで本書を手にとってくださった,「あなた」に感謝します．

2018 年 立春

著者を代表して
西郷甲矢人

目次

まえがき……i

第1章　指数関数ってなんだ？……2
第2章　対数関数ってこれだ！……12
第3章　これからの「微分」の話をしよう……23
第4章　exp/世界でひとつの関数……35
第5章　積分のアイデア……45
第6章　積分する準備はできていた……56
第7章　i について語るときに我々の語ること……68
第8章　丸の内ロジスティック……79
第9章　フォトンを待ちながら……90
第10章　振動しなけりゃ意味ないね……102
第11章　心がたたみ込みたがってるんだ。……113
第12章　果てしないものがたり……127

● 附録

附録A　指数関数について語るときに
　　　 我々の語れなかったこと……142
附録B　圏論の基礎……169

索引……181

指数関数ものがたり

第 1 章
指数関数ってなんだ？

1.1 朋あり遠方より来たる

S(西郷)● やあ，久しぶりだね．

N(能美)● そうだね．今日はまた一体どうしたんだ？

S ● 実は縁あって，微積分の講座を書かないかという話をもらったんだ[1]．私が普段教えている生物系の学生[2]の中には，高校 2 年生以降，数学に触れてこなかった人たちもいる．彼らのような人たちにとっても，より進んだ読者にとっても，それぞれが読んで面白い本にしろ，と言われたんだが．

N ● そりゃあ大変だ．まあ，僕には関係ないけど．

S ● 一人だけ責任を免れようという甘い考えでいられるのも今のうちだ．それはそうと，想定する読者層は幅広いのに，限られたページ数のなかで，書けることは相当に限られてくる．そこで，この本では，指数関数という概念から広がる「ものがたり」を語ることに集中したい[3]．というか，それを君が書いてくれれば私としては満足だ．

N ● 相変わらず人使いが荒いなあ．まあいい，酒で払ってもらおう．で，どこから書けばいいんだ．「なぜ指数関数なのか？」というあたりからかな．生物系の学生に，いつもはどういう説明をしているんだ？

S ● まず，生命とは物体ではなくシステムの特質だが，システムというのは，じつに刻々と変化するものだ．その変化，たとえば増殖なり減衰なりといった現象を表す最も単純で典型的なモデルを考えるためには，指数関数という概念が必要になってくる[4]．

1.2 そもそも関数とは

N ● だがその程度の説明では，「指数関数ってなんだ？」という問いに対して，

ほぼ何も言っていないに等しい．意味のある答え方をするためには，そもそも関数とは何か，ということを語らないと話になるまい．

S● 君にそう言われると，むしろ関数とは何で「ない」かについて話したくなるな．学生に教えていて気づくことの一つは，彼らの多くは，「関数＝式」と誤解しているらしい，ということだ．

N● つまり，関数とは常に何らかの具体的な表現を「最初から」持っている，という誤解か．

S● そう．だが実際に直面する状況としては，とりあえずブラックボックスとして「執って仮設」[5]して，そこからさまざまな実験や観察を行っていって，次第にその正体を明らかにしていく，というのがむしろ普通だろう．

N● たしかに．入力 x，出力 y の間の関係を「正体のわからない働き」f を用いて $y = f(x)$ と書くのも，本来そういう状況でこそ活きてくるわけだ．

S● 講義などでは，f が主人公であることを強調するために $y \xleftarrow{f} x$ などと書いたりするがね．

N● なるほどな．具体的な面白い例としては，どんなものを挙げるのがいいだろうか．

S● 私がよく使うのは振り子の例だな．実験をやってみせると面白いのだが，振り子の周期というのは，おもりの重さやら振れ幅やらに関係なく，「長さ」のみによっていることがわかる[6]．聞くところでは，これはガリレオがはっきりと認識したらしいが[7]．

N● この例でいくと，周期 T が出力にあたるわけだな．そしてガリレオの発見は，出力を決定するための入力はいくつもありそうなものなのに，それにも関わらず振り子の長さ l だけが決定要件となっているということか：

$$T = f(l)$$
$$T \xleftarrow{f} l$$

振り子の長さから振り子の周期を求める方法，つまりここでの f の実際の形を決定することのみが重要視されがちだが，これ自体が大発見だな．そのうえで，必要に応じて関数の中身を決定していくというのが常道なわけだ[8]．

S● ここで，関数の具体的なかたちに踏み込む前に，すでに理解できること

についていくつか確認しておこう．まず関数たちを合成することができるということが挙げられる．ある関数 f の入力として，別の関数 g の出力を用いることで，一連の流れを新たな一つの関数 $f \circ g$ とみなす，という考えだ．

$$s \xleftarrow{f} u \xleftarrow{g} t \Longrightarrow s \xleftarrow{f \circ g} t$$

生物方面からの例を挙げると，食物連鎖が挙げられる．カリフォルニアでジャイアントケルプと呼ばれる海藻が急減少したことがある．調べてみたところ，これは直接には海藻を食べるウニの増殖によるものだったのだが，この原因を遡ると，ウニを食べるラッコが減少していたのだった．

N● これを簡単にモデル化すると

$$\text{海藻の量} \xleftarrow{f} \text{ウニの数} \xleftarrow{g} \text{ラッコの数}$$
$$\Longrightarrow \text{海藻の量} \xleftarrow{f \circ g} \text{ラッコの数}$$

となるわけだな．ラッコはなぜ数を減らしたんだ？ ブラック企業に勤めていて逃げ出したのか？

S● 君の会社とは違うんだ．これは乱獲が原因だったらしい．モデルの図式でいうと，「ラッコの数」のさらに先に

$$\text{ラッコの数} \xleftarrow{h} \text{ラッコの捕獲量}$$

という関係があることになる．これを合成するとまた違った見え方になる．

N● そうか，ラッコも彼らなりに苦労しているのだな．

S● ああ．このように合成は，関係がある限り際限なく繰り返していくことができる．3つ以上になるとどの順序で合成するかが問題になりそうだが，実は

$$(f \circ g) \circ h = f \circ (g \circ h) \qquad \text{(結合律)}$$

となって大丈夫だ[9]．さて，関数の中には，合成してもその相手を変えない，つまり，入力をそのまま何もせずに出力とする関数たち[10]があって，恒等関数と呼ばれている[11]．

N● 何もしない関数，というものを考えることに意味はあるのか？

S● 大いに．この概念を用いて「逆」を定義することができる．何らかの操作に対して，その逆操作というと，元の操作の影響を打ち消すようなのということで，つまり続けて行うと全体として「何もしない」操作に

なるだろう？ 同じように何らかの関数について，出力から入力を求めるような対応を考えることができる．一般に，複数の入力が同じ出力を返すことが考えられるから，出力からただ一つの入力を決定することはできない．そのためには，入出力が一対一に対応している必要がある．このような関数に対しては，出力から入力を決定することができ，この対応は逆関数と呼ばれる．

N● 振り子の例でいえば，長さ l から周期 T を求める関数 f に対して，T から l を求めるような関数 g のことだな．

S● そう．そしてこのような g は，存在するなら一意（ただ一つ）であり，f^{-1} と書かれる．最も重要な例は指数関数に対する対数関数だろう．

N● ところで今思い出したのだけれど，指数関数の定義もしていないし，話もほとんどしていなかったな．

S● あ，そうか．『指数関数ものがたり』と銘打っておきながら指数関数の話をしないというのはロックすぎるので，ちゃんとやらないと．

N● このままでは『指数関数を待ちながら』になってしまう．

1.3 指数関数ってなんだ？

S● この『指数関数ものがたり』は，システムの「発展」の基本形を考えると指数関数が出てくるという話から始まったから，ここに立ち返ってみよう．たとえば，放射性物質の崩壊という現象を考えてみよう．一定時間内の放射性物質の崩壊割合は，どの時点から計測しても等しいことが知られている．つまり，放射性物質が元の量の何倍になるか，という割合は経過時間 t の関数と考えることができる．この割合を $f(t)$ とすると，この f は実数から正の実数への関数で，任意の定数 t, t' について
$$f(t+t') = f(t)f(t')$$
をみたす．

N● バクテリアの増殖のモデルを考えてもよいね．

S● そうだ．およそ時間発展というもののうち，もっとも典型的な発展をモデル化するとこうなる．

N● 入力を時間に限らずとも，巻貝などでは，入力として回転量 θ を考え，出力として原点からの距離の倍率 $f(\theta)$ を考えてみると，やはり上の式

が成り立ちそうだな．

S● きっとそうだろう．ともかく，これらの異なる現象はすべて

実数から正の実数への関数であって，
$$f(t+t') = f(t)f(t') \quad (\text{exp. 1})$$
をみたすもの

によって記述できるだろうと考えられる．

N● それは良かった．

S● 困るなあ，そこで「え，それってどんな関数なんだ？」と訊いてくれないと話が進まないじゃないか．私はもう疲れたんだ．この条件から，どこまでのことがわかるのか，ちゃんと説明してくれ．

N● なんて奴だ．まず，$t=t'=0$ とすると $f(0) = (f(0))^2$ となるから，f が正の実数への関数であることから $f(0) = 1$ だ．次に $t'=t$ の場合を考えると $f(2t) = (f(t))^2$，$t'=2t$ の場合は $f(3t) = (f(t))^3$ となる．同様に考えていくと，自然数 n に対して
$$f(nt) = (f(t))^n$$
であることがわかる．特に $t=1$ の場合，
$$f(1) = a > 0 \quad (\text{exp. 2})$$
とおけば
$$f(n) = a^n$$
となる．

S● こうして，自然数 n に対しては，「a を n 回かけたもの」と一致することがわかった．一方で，「$\frac{1}{n}$ 回かける」などというのは，それだけでは意味をなさないけれど，われわれの出発点からは自然に
$$a = f(1) = f\left(n \cdot \frac{1}{n}\right) = \left(f\left(\frac{1}{n}\right)\right)^n$$
となって，$f\left(\frac{1}{n}\right)$ とは「n 回かけて a となるような数」であることがわかる[12]．a は正だから，正の実数の範囲で n 乗根がただ一つ存在するので[13]
$$f\left(\frac{1}{n}\right) = \sqrt[n]{a}$$

となる.

N● 有理数での値を調べるために，正の有理数 q で，自然数 n, m を用いて $q = \dfrac{m}{n}$ と表されるようなものを考えると

$$f\left(\frac{m}{n}\right) = \left(f\left(\frac{1}{n}\right)\right)^m = (\sqrt[n]{a})^m$$

がわかる．ちなみに，正の実数に対して正の累乗根が一意に定まることから，これは a の m 乗の n 乗根 $\sqrt[n]{a^m}$ でもある．これを踏まえ，先程の n 乗根の場合も含めて

$$f\left(\frac{m}{n}\right) = a^{m/n}$$

と表記しよう．正の有理数 q に対して，$-q$ における値は

$$1 = f(0) = f(q+(-q)) = f(q)f(-q)$$

から

$$f(-q) = \frac{1}{f(q)}$$

となり，これによって負の有理数での値も定まる．この値も a^{-q} のように書くことにしよう．

S● ご苦労．以上の事柄をまとめると，次のようになる.

命題

実数から正の実数への関数 f で
$$f(t+t') = f(t)f(t') \qquad (\text{exp.}1)$$
$$f(1) = a > 0 \qquad (\text{exp.}2)$$
をみたすものが存在するなら，有理数 $\dfrac{m}{n}$ において
$$f\left(\frac{m}{n}\right) = a^{m/n}$$
でなければならない[14].

N● 無理数は整数の比として表せないけれど，どう考えようか.

S● 放射性物質の例でたとえると，1 時間後に量が $\dfrac{1}{2}$ になるような物質は，$\sqrt{2}$ 時間後にどうなっているか，というような問題といえる．これは，ここまでにわかったことでは扱えないけれど，実際問題として $\sqrt{2}$ 時間

後における残存量を考えることは当然できるはずだ．問題の量は，1時間後の量よりは 1.4 時間後の量，1.4 時間後の量よりは 1.41 時間後の量の方が近い値となるだろう．

N ● なるほど．では，無理数 t における f の値としては

t に収束するような有理数列 $\{q_n\}$ に対して数列 $\{f(q_n)\}$

を追っていくのが自然な考え方だな．

S ● ああ．そしてこのとき，そもそも数列 $\{f(q_n)\}$ には収束してほしいし，また無数に考えられる t への近付け方によらず同じ値が得られるようであってほしい．そこで

f は(実数を入力とする)連続関数[15]である

ことを要請しよう[16]．すると，無理数 t における値は，t に収束するような有理数列 $\{q_n\}$ を用いて

$$f(t) = \lim_{n \to \infty} f(q_n)$$

と求めることができる[17]．

N ● なるほど．そうするとすべての実数に対して出力が決まるから，「(exp. 1), (exp. 2) をみたす，実数を入力とし正の実数を出力とする連続関数」は，もし存在するのなら，関数として一意に定まるね．しかし，そもそもそんな都合のいい関数が存在するのか？

S ● それは大丈夫だ．実際，話を仕切りなおして，有理数を入力とし正の実数を出力とする関数 $\tilde{f}$ を，$\tilde{f}\left(\dfrac{m}{n}\right) = a^{m/n}$ として定めよう．すると，この $\tilde{f}$ と有理数上で一致する，実数から正の実数への連続関数がただ一つ存在することが証明できる[18]．これを f とすれば，(exp. 1), (exp. 2) をもみたすことがすぐわかる[19]．こうして次の定理が得られた：

定理

実数から正の実数への連続関数 f で
$$f(t+t') = f(t)f(t') \qquad (\text{exp. 1})$$

$$f(1) = a > 0 \qquad (\text{exp.2})$$
をみたすものがただ一つ存在する.

定義

この定理で一意的に存在することがわかった関数 f を, a を底とする指数関数と呼び
$$f(t) = a^t$$
と記す[20].

N ● これが,「指数関数ってなんだ?」に対する答えというわけだな. いや実に疲れた.

S ● たしかに疲れた. それでは次に, より興味深い, 肝臓におけるアルコール分解についての実験でも行おうではないか.

N ● お, 珍しく良いことを言うな. 今回一番の名言じゃないか.「酒をのめ, それこそ永遠の生命だ」[21].

1.4 演習

関数 f が正比例関数であるとは, 任意の「入力」x と「数」k に対して
$$f(kx) = kf(x) \qquad (比例性)$$
がみたされることである[22].

(1) 実数を入出力とする正比例関数 f は, ある実数 a を用いて $f(x) = ax$ と書けることを示せ.

(2) 正比例関数の概念を多重化してみよう. 2つの実数の組 (x,y) を入力とする関数 f が, 任意の実数の k, l について
$$\begin{cases} f(kx, y) = kf(x,y) \\ f(x, ly) = lf(x,y) \end{cases} \qquad (二重比例性)$$
をみたすならば, ある実数 a を用いて $f(x,y) = axy$ と書けることを示せ.

(3) (2)の結果をもとに, 理想気体の圧力 P, 体積 V, 温度 T について, ボイルの法則($T=$ 一定のとき V は $\dfrac{1}{P}$ に比例する)とシャルルの法則($P=$

一定のとき V は T に比例する）とを組み合わせ，ボイル–シャルルの法則（V は $\frac{1}{P}\cdot T$ に比例する）を導け．

(4) 実数を入力とする正比例関数は，(1)の結果から，連続関数であり，かつ
$$f(x+x') = f(x)+f(x') \qquad （加法性）$$
をみたすことがわかる[23]．逆に，実数を入力とする連続関数 f が加法性をみたせば正比例関数となることを，本文の記述を参考にして示せ．

註

1) 『圏論の歩き方』（日本評論社より絶賛発売中）の執筆に参加したことが，その「縁」．
2) アンドロイドでない生身の学生，という意味ではない．
3) そのためには，どんな手段を選ぶことも辞さない――たとえば，雑談はもとより「数学的」な部分さえも後註へと躊躇なく追いやる．だから，本書の読者に望まれるのは，むしろ後註を手掛かりにして，自分自身の『指数関数ものがたり』を語れるようになることかもしれない．もちろん本文や後註に，読者がまだ「習ってない」言葉が出てきても，筆者らは決して悪びれたりしない．
4) 後註に続く会話：
   N● なるほど，増殖の例でいうと，細胞分裂か．そういえば昔読んだマンガに，お金を預けると一時間につき一割の利息がつく秘密道具が出ていたなあ．実にすばらしい．
   S● そこで，ものに振り掛けると一定時間ごとに倍になっていく秘密道具が出てこないところに，君の根源的な浅ましさが端的に表れている．それはともかく，自然界を見ていると圧倒的に目につくのは崩壊のほうだ．そしてこれらの間（あわい）に振動するような変化などがある．
   N● いま気づいたが会話さえも後註に追いやられることがあるのか．
   S● もちろんだ．与えられたページ数を厳守するのに手段は選ばないと，さっきいっただろう．
5) 龍樹――あるように見えても「空」という』（石飛道子著，佼成出版会）所収の龍樹『中論頌』（石飛道子訳）より．
6) 厳密には，空気抵抗などさまざまな要因を無視できる場合だが．
7) このようにそれらしく書かれているからといって，この手の逸話を安易に信用してはならない．
8) これは科学研究においてもそうだし，後にとりあげる「微分方程式」の理解自体，このような思想なしにはあり得ないだろう．
9) あくまでも，関数の合成については，ということ．世の中には，結合律が成り立たないような演算など山ほどある．
10) なぜ複数形となっているかといえば，同じ「何もしない」という関数でも，入出力の範囲ごとに区別するからである．一般に，集合 A に対し，A から A への関数 id_A を，$x \in A$ をそれ自身に対応させるものとして定義する．たとえば，$\mathrm{id}_\mathbb{Z}$ と $\mathrm{id}_\mathbb{C}$ とは互いに異なる（$\mathbb{Z}$ は整数全体の集合，$\mathbb{C}$ は複素数全体の集合を表す）．ところで，集合 A と関数 id_A とは自然に一対一対応していることから，「集合とは関数の特殊なものにすぎない」と主張する（筆者らのような）過激派も存在するので注意してほしい．
11) N● ほう，何もしない関数か．僕と気が合いそうだな．僕も常日頃会社では，朝出社したときの状態を乱さないことに細心の注意を払っているんだ．
   S● そうか，それは良かったな．とにかくこのように，関数とは矢印とみなせるわけだが，入力を出力に写す矢印が考えられて，矢印の間の結合が定義され，さらに何もしない特別な矢印が備わっているシステムのことを圏と呼ぶ．
   N● あっ，圏の話をしようとしている．隙あらば圏の話に移ろうとするんだから困ったもんだ．
   S● わかったわかった．圏の話は絶賛発売中の『圏論の歩き方』に任せて本文に戻ろう．
12) 関数の定義域を拡張するに従って，「何回かけるか」という言葉の解釈もまた拡張されている点に注意してほしい．
13) なぜ「正の実数の範囲で n 乗根がただ一つ存在する」といえるのか？ということを考え出すと，結局は「実数ってなんだ？」という問題になる．各自，自分の好きな構成法や「実数の公理」から，その存在を導いてみるとよい．実際，かの有名な「デデキント切断」の考えは，デデキント自身がこういう問題に悩んだところから始まったのである！『数とは何かそして何であるべきか』（リヒャルト・デデキント著，渕野昌訳・解説，ちくま学芸文庫）所収のデデキント『連続性と無理数』を参照）
14) 記号 $a^{m/n}$ の意味は，すでに説明してきたとおりである．
15) 「連続関数ってなんだ？」そう思った人は，自分で調べてみよう．直感的にいうと，「x が基準点 x_0 に充分

近いなら，$f(x)$ が $f(x_0)$ に充分近い」というようなことが，(考察している範囲の)どの基準点 x_0 についても成り立つことだ．
16) 実はこの条件をわざわざ課さなくても，f は有理数上では(つまり，有理数の範囲で考える限りは)そもそも連続である．
17) N● $\lim_{n\to\infty} a_n$（数列 $\{a_n\}$ の「極限」）ってなんだ？ というのは読者に丸投げなのか．
    S● まあそうだ．直感的にだけ説明すれば，「n が充分大きいなら，a_n は α に充分近い」が成り立つような α のことだ．このとき $\{a_n\}$ は α に収束する，という．
18) N● また丸投げか．この調子では，数学者はこんなに気楽な商売なのかという誤解，あるいは同じことだが，好ましくない不正確な理解を読者に与えてしまうぞ．
    S● それは困るなあ．ヒントは，「一様連続」の概念が重要な役割を果たす，ということだ．腕に覚えのある読者は，(微積分のふつうの教科書を片手に)証明に挑戦してほしい．
    N●一様連続にもなにかコメントしてもらわないとな．
    S●直感的にいうと，「x と x' とが充分近いなら，$f(x)$ と $f(x_0)$ とが充分近い」というようなことが，(考察している範囲の)どの二点 x, x' についても成り立つことだ．
    N●さっきの「連続」との違いがよくわからないぞ．
    S●それを知りたい人は，微積分のちゃんとした教科書を読むなり，ちゃんとした先生に習うなりするといい．あるいは，「超準解析(Nonstandard Analysis)」を学べば，私の表現力が細部にいたるまでいかに優れているかわかるはずだ(附録 A 参照)．
    N●そんなことを言われると勉強したくなくなるな．
19) N●ほんとかな．まず，(exp.2)は明らかに成り立つ．有理数について(exp.1)が成り立つことは
$$a^{m/n}a^{m'/n'})^{nn'} = a^{m/n})^{nn'}a^{m'/n'})^{nn'}$$
$$= a^{mn'+m'n}$$
$$= (a^{m/n+m'/n'})^{nn'}$$
    というようなことからわかるだろう(nn' 乗根の一意性に注意)．一般の t, t' に対して(exp.1)が成り立つことは，それぞれに対する有理数の収束列 $\{q_n\}, \{q'_n\}$ を用いて
$$f(t+t') = \lim_{n\to\infty} f(q_n + q'_n)$$
$$= \lim_{n\to\infty} (f(q_n)\cdot f(q'_n))$$
$$= f(t)\cdot f(t')$$
    とわかる．さりげなく f の連続性が効いてるな．
20) 通常は，$a \neq 1$ としておく．本書でも以後はそれに従う．
21) ウマル・ハイヤーム『ルバイヤート』(小川亮作訳，岩波文庫)から．ウマル・ハイヤームはペルシアの数学者(であり詩人)．つまり大きく言えば我々の同業者である．
22) 「入力」としては，数のほか，さまざまな量，一般には「ベクトル空間」の要素(さらには「加群」の要素)でよいし，「数」は一般には「体」の要素(さらには「環」の要素)でよい．
23) 入力を「数」でなく，「数の組」に置き換えた途端に話は変わってくる．入力が「数」とは限らない一般の場合に，「加法性」と「比例性」とをみたす関数のことを「線型写像」と呼んでいる．この「線型写像」の考え方は，『指数関数ものがたり』の影の主役となる．

第 2 章
対数関数ってこれだ！

2.1 学びて時に之を習う

N ● 自分たちの肝臓を用いたアルコール分解の実験というのは，いつもながら実に興味深いものだね．しかし不可抗力とはいえ，飲みすぎたような気がするな．

S ● それはいけない．酔い覚ましに前章の話の復習といこうか．

N ● 何をわけのわからんことを言っているんだ．絶対悪酔いする．

S ● まあ待ちたまえ，こんな実験結果がある．ある病院で患者に，最初に「指数関数のことを考えてください」と指示してから，「あなたは生きていますか？」と訊いたところ，ほぼ 100% の割合で「はい」という答えが返ってきたそうだ．このことから，指数関数に思いを馳せることによる健康への恩恵は明らかだろう[1]．したがって，我々は今こそ指数関数のことを考えるべきだといえる．

N ● 君も随分と酔っているようだな．いつになく，隙のない論理じゃないか．そういうことなら話は別だ．指数関数が一体なんだったのかを振り返るとしよう．正の実数 a を底とする指数関数とは，実数全体から正の実数への連続関数 f で

$$f(t+t') = f(t)f(t') \qquad (\text{exp.1})$$
$$f(1) = a > 0 \qquad (\text{exp.2})$$

をみたすただ一つの関数だった[2]．関数の値についていえば，自然数 n に対しては $f(n) = a^n$ と累乗に一致し，正の有理数 $q = \dfrac{m}{n}$ では，累乗と累乗根との組み合わせ $f(q) = a^q := \sqrt[n]{a^m}$ となる．さらに，負の有理数 $-q$ では $f(-q) = \dfrac{1}{a^q}$ で，実数 t においては，連続性から自然に定まる値[3]をとるのだった．

S ● 前章は，こういった「和を積に変換する」関数が実際に存在し，しかも $f(1)$ の値，つまり底を定めるごとにただ一つに決定されることを示し

た．まずは，この一意性を最大限活用して，指数関数の持つ性質を見ていこうか．とりあえず，実数 s, t に対して
$$(a^s)^t = a^{st}$$
が成り立つことでも示してくれないか，君の健康のために．

N ● 仕方ないな．僕は健康には目がないんだ．健康のためなら命も惜しくはない．さて，s, t と実数が二つ自由に動くのは面倒なので，s を固定して，右辺，左辺をそれぞれ t の関数だと思おう[4]．この場合，左辺は a^s を底とする指数関数だ．右辺を $f(t)$ とすると，$f(1) = a^s$ で，
$$f(t+t') = a^{s(t+t')} = a^{st+st'} = a^{st}a^{st'} = f(t)f(t')$$
だから，f もまた a^s を底とする指数関数だといえる．一意性から，両者は等しい．

S ● 良いじゃないか，君がこんなにスマートな証明をするとは，大分酔っているようだな．同じように $(ab)^t = a^t b^t$ も示せるだろう．「一意性」をうまく用いるのは大変気分がいい．さて，そろそろ本題に入ろう．実は，これまでに得られた知識を用いると，

> 指数関数は，底が 1 より大きければ狭義の単調増加関数，底が 1 より小さければ狭義の単調減少関数である[5]

ことを示すことができる[6]．したがって，異なる二つの入力に対する出力は，どちらかが真に大きく，一致し得ない．ところで，この事実の対偶を考えると

> 出力が等しければ，入力も等しい

となる．また，指数関数の出力が取り得る値の範囲は正の実数全体にわたる[7]．つまり，正の実数 s が与えられたとき，必ず何らかの実数 t を用いて $s = a^t$ と表され，しかもこのような t はただ一つしか存在しないということだ．というわけで，出力 s から対応する入力 t を返すような，正の実数から実数への関数を考えることができる．前回述べた通り，こういった逆の対応を逆関数と呼ぶ．a を底とする指数関数の逆関数は，**a を底とする対数関数**と呼ばれ，入力 s に対する出力は $\log_a s$ と書かれる．

2.2 対数関数ってこれだ！

N ● 前章と対応させていうと，「対数関数ってなんだ？」に対する答えは「指数関数の逆関数だ」となるわけだな．

S ● そう．指数関数はシステムの発展の基本形を表現しており，たとえば放射性物質については「t 時間後にどれだけの量が崩壊せずに残っているか」を表す関数だった．対数関数がこの逆関数であるということは，「今ある量を 1 として，これが s になるのにどれだけの時間がかかるか」を返すような関数と考えることができるだろう．たとえば，現時点の残存量の 10% が崩壊するのに 1 年間かかるような放射性物質があるとしよう．t 年経過時点の残存量は 0.9^t と表される（0.9 を底とする指数関数）．放射性物質の量が半分になるのに何年かかるかという年数は**半減期**と呼ばれる[8]．

N ● 今の場合だと，これは $0.9^t = 0.5$ であるような t のことであり，対数関数によって $t = \log_{0.9} 0.5$ と表されるわけだな．

S ● そうなるな．a を底とする指数関数を f とし，対応する対数関数を g とする．実数 t，正の実数 s をとり，実数上の恒等関数を $\mathrm{id}_{\mathbb{R}}$，正の実数上の恒等関数を $\mathrm{id}_{\mathbb{R}_{>0}}$ とすれば

$$f \circ g = \mathrm{id}_{\mathbb{R}_{>0}}, \quad つまり \quad a^{\log_a s} = s \qquad (\mathrm{id}.\,1)$$

$$g \circ f = \mathrm{id}_{\mathbb{R}}, \quad つまり \quad \log_a a^t = t \qquad (\mathrm{id}.\,2)$$

ということがわかる．また，指数関数が「和を積に翻訳する」関数だったことから，逆の対応を定める対数関数は「積を和に翻訳する」関数だと期待できるが，実際にそうであることがすぐわかる[9]．さらに，指数関数が単調で連続な関数であることから，逆関数である対数関数もまた単調で[10]連続な関数である[11]．

N ● 今までのことをまとめると

> 実数全体と正の実数全体とは，正の実数 $a \neq 1$ を媒介として一対一に対応しており，前者から後者への対応は指数関数と呼ばれ，後者から前者への対応は対数関数と呼ばれる．しかもこの対応は，単なる数同士の対応ではなく，和，積の構造を含めてそっくりそのまま翻訳するようなものである．

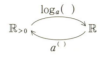

図 2.1

表 2.1

正の実数	実数
1	0
a	1
×	+
÷	−
p 乗	p 倍

ということだな[12].

また，指数関数の定義(exp. 1), (exp. 2)に対応する性質は，aを底とする対数関数をgとすると次のように表される：

$$g(ss') = g(s)+g(s') \qquad (\log.1)$$
$$g(a) = 1 \qquad (\log.2)$$

逆に，(log. 1), (log. 2)をみたす正の実数から実数への連続関数は，aを底とする対数関数に限ることがわかる[13].

2.3 計算法則を少々

S ● よし，次は対数関数に関するいくつかの計算法則を確認していこう．まずは $\log_a s^u = u \log_a s$ あたりかな．意味するところは「量が $\frac{1}{2}$ になるのに1時間かかるとき，$\frac{1}{4} = \left(\frac{1}{2}\right)^2$ になるには倍の2時間かかる」というようなものだ．

N ● (id. 1)から

$$a^{\log_a s^u} = s^u = (a^{\log_a s})^u = a^{u \log_a s}$$

だが，指数関数については，出力が等しければ入力も等しいのだから，$\log_a s^u = u \log_a s$ だ．

S ● これは対数を用いることによって計算が非常にやりやすくなることを示

している．左辺の値を直接求めるには，s^u を求めなければならないけれど，これが実は $\log_a s$ を単に u 倍することで求められるというわけだ．コンピュータ登場以前は，こういった計算量の軽減が対数関数を用いることのおもな利点だったようで，特に (log. 1) に基づき，後述する常用対数表を経由することによって，非常に大きな数同士の積を求めていたようだ．次に二つの異なるシステムがあったとき，同じ割合の変化が起きるのにかかる時間の違いを評価したいときにどうすれば良いかを考えよう．

N ● 僕は別にそんなもの評価したくないよ．

S ● それは君の見識が驚くほど狭いからだ．たとえば，種類の異なる放射性物質 A, B があるとしよう．時間が t 経過したときに残っている割合は，1 より小さな正の実数 a, b を用いてそれぞれ a^t, b^t と表される．崩壊の進行は，物質の種類によって異なるので $a \neq b$ だ．A の半減期 $\log_a 0.5$ が数値としてわかっているときに，B の半減期 $\log_b 0.5$ について何が言えるか，というのが問題の一つの側面だ．また (log. 1) によれば，底の等しい対数関数の値同士の和は，入力同士の積の対数関数の値として一つにまとめることができる．だが，底の異なる対数関数を持ってきたとき，これをいかにまとめるかについてはわかっていないわけだ．要は，分数計算における「通分」に相当する方法が必要とされているといえる．

N ● なるほどな．$\log_a s$ 自体には b は含まれていないけれど，無理矢理引き出す方法として，我々はすでに (id. 1) を知っているので，これを適用すると

$$\log_a s = \log_a b^{\log_b s} = \log_b s \cdot \log_a b$$

となる．あ，これで終わりか．

S ● 終わりだな．ここから $\log_b s$ は

$$\log_b s = \frac{\log_a s}{\log_a b} \qquad \text{(底の変換公式)}$$

と，もととなる $\log_a s$ を $\log_a b$ で割ることで求められることがわかる．

N ● この式で $s = a$ とすることで

$$\log_b a = \frac{1}{\log_a b}$$

と，対数関数の底と入力とを入れ替えると逆数になることもわかるな．

2.4 対数計算の簡単な例

S● 底の変換公式では底を a から b へと変更していたが，これはつまり底を自由に選べる，ということだ．実際に数値を求める上では，何らかの底を一つ定めて，さまざまな入力に対する出力をまとめておくと便利だろう．我々が 10 進法を採用している関係で，底としては 10 を選ぶ場合が多く，この場合の出力の一覧は**常用対数表**と呼ばれている．たとえば，$2^{10} = 1024 \fallingdotseq 1000 = 10^3$ なので

$$3 = \log_{10} 10^3 \fallingdotseq \log_{10} 2^{10} = 10 \log_{10} 2$$

で，$\log_{10} 2 \fallingdotseq 0.3$ とわかる．もちろん，全実数に対する出力の一覧を作ることはできないので，たとえば入力としては小数点以下第二位までに桁を絞って，これらに対する出力を小数点以下第四位まで求めたものなどがよく用いられる．さて，どんな正の実数も，実数 c で $1 \leqq c < 10$ であるものと整数 d とを用いて $c \times 10^d$ と表されることから，常用対数表には 1.00 から 9.99 までの 900 個の値が記載されていれば充分ということがわかる[14]．先程私が触れた，現存量の 10% が崩壊するのに 1 年間かかる放射性物質の半減期 $\log_{0.9} 0.5$ についてはどう計算できるだろうか？

N● まず底の変換公式により

$$\log_{0.9} 0.5 = \frac{\log_{10} 0.5}{\log_{10} 0.9}$$

と底を 10 に揃える．$0.5 = 5 \times 10^{-1}$, $0.9 = 9 \times 10^{-1}$ から

$$\frac{\log_{10} 0.5}{\log_{10} 0.9} = \frac{\log_{10} 5 - 1}{\log_{10} 9 - 1}$$

のように常用対数表を適用できる形に変形できる．$\log_{10} 5 = 0.6990$, $\log_{10} 9 = 0.9542$ だから

$$\frac{\log_{10} 5 - 1}{\log_{10} 9 - 1} = \frac{0.6990 - 1}{0.9542 - 1} \fallingdotseq 6.6$$

と求められる[15]．

2.5 対数目盛

S● 対数の活用法の一つとして，グラフを描画する際の対数目盛を挙げたい．

通常のグラフでは，縮尺にもよるがたとえば 1 cm 進むと値が 1 増加するような目盛を用いる．一方対数目盛では，たとえば 1 cm 進むと値が 10 倍になる．

N ● なんだってまたそんなややこしいことを考えなければならないんだ．

S ● その大きな理由の一つには，自然界で指数的発展，衰退が多く観察されるということがある．例によって，1 年で 10% が崩壊する放射性物質について考えよう．最初の（つまり経過時間 0 の時点における）量を 10 g として，半年ごとに残存量を観測し，経過時間を横軸に，残存量を縦軸にとってプロットすると，図 2.2 のようなグラフになるだろう．

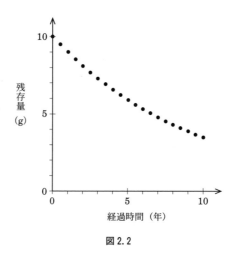

図 2.2

実験結果としてこういったものが得られたとき，何らかの曲線が現象の裏にあるのだろう，ということはわかるが，我々の目には「直線かそうでないか」はわかりやすいが，「曲線の種類」を同定することは難しい．というわけで，プロットしたときになるべく直線になるようなものを用いるのが望ましい．それに直線化できれば，物差し一本で簡単に延長できるし，既知のデータから未知のデータを推測する際にもわかりやすい．さて，先程のグラフで，縦軸を対数目盛にするとグラフは図 2.3（次ページ）のようになる．

N ● なるほど，これなら一目瞭然だ．先程計算した半減期も，残存量が 5 g

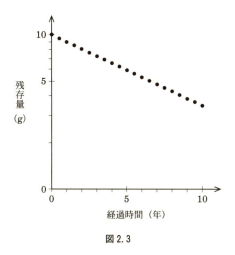

図 2.3

になった時点を読み取ることで知ることができるな．

S ● そう．ところで，t 年経過時点の残存量 s g は，$s = 10 \times 0.9^t$ と表されるから，

$$\log_{10} s = 1 + (\log_{10} 0.9)t$$

だ．右辺を見ると，これは切片 1，傾き $\log_{10} 0.9$ の直線を表す式で，これが対数目盛によってグラフが直線化されることの理由だ．またこの式は，グラフから読み取った傾きや切片が，指数関数を用いたモデルを構築する際のパラメータとなっていることを表してもいる[16]．

N ● ここまでの話では，縦軸方向だけを対数目盛でプロットしていたが，横軸方向も対数目盛で考えることはないのか．

S ● ある．いままでのようにグラフの軸の一つが対数目盛になっているものを**片対数グラフ**と呼び，君の考えたように両方が対数目盛になっているものを**両対数グラフ**と呼ぶ．両対数グラフでちょっと遊んでみよう．ケプラーの第 3 法則を知っているかね．

N ● 惑星の公転周期 T と軌道の長半径[17] a との間の関係についての法則だったと記憶しているが，詳しくは覚えていない．

S ● 覚えていないなら，なお好都合だ．答えは両対数グラフで考えると出てくる．ここにちょうど丸善『理科年表』(2004) があるから，横軸方向に長半径 a，縦軸方向に公転周期 T を，ともに対数目盛でプロットしてみた

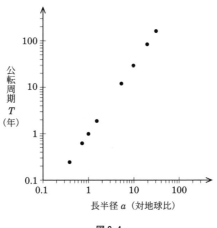

図 2.4

まえ．

N ● おお，直線になった．素晴らしい．傾きは1.5だな．これは
$$\log_{10} T = c + 1.5 \times \log_{10} a$$
ということだから，$T = 10^c \times a^{1.5}$，つまり $T^2 = 10^{2c} \times a^3$ で，「公転周期の2乗が軌道の長半径の3乗に比例する」ことがわかった．

S ● めでたしめでたし，だ．話は変わるが，生物の代謝率[18]と体重のデータ（種ごとの平均で）を両対数グラフでプロットしていくと，やはり直線に乗る．しかも，傾きは約 0.75 といういわくありげな数値だ．

N ● ケプラーの法則がニュートン物理学の発見に導いたように，代謝率の法則をさぐっていくと新しい生物学理論が生まれてくるだろうか．

S ● すでに興味深い試みは行われているようだが，それはそうと，気がつけばもう朝だ．どうやら一雨降ったらしい．柳の色も青々として美しい．

N ●「君に勧む 更に尽くせ一杯の酒」[19] とでも言わせたいのか．

S ● やけに鋭いなあ．まだ酔っているのか？

N ● まあいいさ．君のことだ，関ヶ原を西へ越えたなら，一緒に飲む友さえいないのだろうから．

S ● 大きなお世話だよ，君．

2.6 演習

(1) 片対数グラフにプロットしたときにデータが直線に並ぶことと，入力 t と出力 s との間の関係が適当な実数 a, C を用いて $s = Ca^t$ と表されることとが同値であることを確かめよ．

(2) 本文中で $\log_{10} 2$ の値を概算したことを参考にして，さまざまな数の常用対数を概算せよ．たとえば，$\log_{10} 4, \log_{10} 8, \log_{10} 3$ など．

註

1) 「この薬を飲んだら，翌日風邪が治った．この薬は風邪に効く」という論法と同様，「明らか」である．
2) 通常 $a \neq 1$ とする．本書でも以後これに従う．
3) t に収束する有理数列 $\{q_n\}$ に対して，関数の出力の列 $\{f(q_n)\}$ の収束先．
4) 「カリー化」と呼ばれる手法．
5) 入力が増加したとき，出力の変化が常に 0 以上のものを単調増加関数，0 以下のものを単調減少関数と呼ぶ．「0 以上」，「0 以下」と出力が変化しない場合を許容する定義であるが，こういった場合を除くときは「狭義の」と形容する．
6) N● 示してみるか．(exp.1)で $t' > 0$ の場合を考えれば，これは入力を t から $t + t'$ へと増加させたとき，出力が $f(t)$ から $f(t)f(t')$ へと変化することを表している．元の出力 $f(t)$ との大小関係は $f(t')$ が 1 より大きいか小さいかによって決まるが，これを調べるための補助として
$$a^n - 1 = (a-1)(a^{n-1} + \cdots + 1)$$
に着目しよう．右辺の二つ目の括弧の中身は正だから，この式は $a^n - 1, a - 1$ の符合が等しいことを意味する．a の立場からすれば「n 乗することで 1 との大小関係は変わらない」ということで，一方 a^n の立場からすれば「n 乗根をとることで 1 との大小関係は変わらない」ということだ．よって正の有理数 $q = \dfrac{m}{n}$ について，a^q は累乗と累乗根との組み合わせで表現される $\sqrt[n]{a^m}$ だったから，1 との大小関係は保存される．あとは，指数関数の連続性と少しの議論を経れば，正の実数 t' に対して，「$a^{t'}$ と 1 との大小関係」は「a と 1 との大小関係」に等しいことがわかる．
S● ええと，なんでだっけ．
N● そこまでやらせるか？ $a > 1$ の場合，正の実数 t' に収束する正の有理数列 $\{q_n\}$ を考えたとき，すべての n に対して $a^{q_n} > 1$ だが，このまま極限を考えると $a^{t'} \geqq 1$ と，大小関係の狭義性が失われてしまう．そこで，正の有理数 q で，$0 < q < t'$ となるようなものを一つとる．$\{q_n\}$ は t' に収束するのだから，充分大きな番号以降のみを考えれば，q_n は q よりも t' に近くなければならない．つまり $0 < q < q_n$ となる．$q_n - q > 0$ だから $a^{q_n - q} > 1$ で，よって $a^{q_n} = a^q a^{q_n - q} > a^q$ である．極限を考えて $a^{t'} \geqq a^q$ だが，q は正なので a^q は 1 より真に大きく，したがって $a^{t'}$ も 1 より真に大きい．$0 < a < 1$ の場合も同様．これで満足か？
S● 素晴らしい．まだ酔いから醒めていないようだな．
N● ともかく以上のことから，
$$f(t+t') = f(t)f(t') \begin{cases} > f(t) & a > 1 \text{ の場合} \\ < f(t) & 0 < a < 1 \text{ の場合} \end{cases}$$
である．つまり「指数関数は，底が 1 より大きければ狭義の単調増加関数，底が 1 より小さければ狭義の単調減少関数である」ということを示すことができた．
7) まず，自然数 n を用いて $[-n, n]$ と表される区間上の動向について調べよう．指数関数は単調な連続関数だから底 a が 1 より大きければ a^{-n} 以上 a^n 以下の，1 未満なら a^n 以上 a^{-n} 以下のすべての実数をとる(中間値の定理．これは前章，正の実数についてその累乗根が一意に存在することについての後註で述べたことと同様，実数の連続性と深く関係している．詳しくは附録A第3節を参照)．よって，n を大きくしていったときの a^n, a^{-n} の変化について調べれば良いだろう．これには $a > 1$ の場合について調べれば充分だ．$0 < a < 1$ である場合については $a^{-n} = \left(\dfrac{1}{a}\right)^n$ から，$\dfrac{1}{a} > 1$ を底とする指数関数の話に帰着させることができる．$\delta = a - 1$ とおくと，$a > 1$ だから $\delta > 0$ で，二項定理から
$$a^n = (1+\delta)^n = 1 + n\delta + \cdots + \delta^n > 1 + n\delta$$
と評価できる．$1 + n\delta$ は n を大きくするといくらでも大きくなるから，a^n もまた際限なく大きくなる．一

方，$a^{-n} = \dfrac{1}{a^n}$ だから，a^{-n} は際限なく 0 に近付くことになる．したがって，指数関数の出力の全体は，正の実数全体と一致する．
8) 現存量が半分になるまでにかかる時間であって，「倍の時間がすぎればすべて崩壊する」という意味ではない．実際には，倍の時間がすぎたとき，$\dfrac{1}{4}$ が崩壊せずに残っていることになる．
9) 正の実数 s, s' をとる．$(\exp, 1)$，$f \circ g = \mathrm{id}_{\mathbb{R}_{>0}}$ から
$$f(g(s) + g(s')) = g(s)f(g(s')) = ss'$$
がわかる．よって，$g \circ f = \mathrm{id}_{\mathbb{R}}$ から
$$g(ss') = g(f(g(s) + g(s'))) = g(s) + g(s')$$
である．
10) 底 a が 1 より大きい場合，つまり指数関数 f が狭義単調増加である場合について考える．正の実数 s, s' をとり，$s < s'$ とする．g での出力について $g(s) \geqq g(s')$ であると仮定すると，これを狭義単調増加な f で移したとき
$$s = f(g(s)) \geqq f(g(s')) = s'$$
となり，$s < s'$ に矛盾する．よって $g(s) < g(s')$ であり，g もまた狭義単調増加な関数であることがわかる．
11) 関数の入力を変化させると出力が変化するが，連続関数とは，入力の変化を制限することで，出力の変動をどれだけでも小さくできるような関数だった．正の実数 s を任意にとり，$t = g(s)$ とする．出力の変動の許容範囲 $\varepsilon > 0$ を任意に固定する．大小関係 $t - \varepsilon < t < t + \varepsilon$ を f で移すと $f(t - \varepsilon) < s < f(t + \varepsilon)$ となる．そこで，入力の変化に関する制限 $\delta > 0$ を $f(t + \varepsilon) - s, s - f(t - \varepsilon)$ のどちらよりも小さくとる．s とは異なる入力 s' が $s - \delta < s' < s + \delta$ をみたしている限り，$f(t - \varepsilon) < s' < f(t + \varepsilon)$ であるから，出力 $g(s')$ について $t - \varepsilon < g(s') < t + \varepsilon$ であることがわかる．これで，任意に定めた出力の変動の許容範囲に対して，入力の変化幅を適切に制限することで達成できることがわかったので，g は s で連続であり，s は任意であったから，g は正の実数全体で連続である．
12) 要は，指数関数は群 $(\mathbb{R}, +)$ から群 $(\mathbb{R}_{>0}, \times)$ への同型で，対数関数はこの逆であるということ．
13) 実際，そのような関数を $\tilde{g}$，a を底とする指数関数を f として，合成関数 $\tilde{g} \circ f$ について考えると，これは「和を積に」移してから「積を和に」移す実数から実数への関数であり，実は連続関数でもある（というのも，「連続関数と連続関数の合成は連続である」から，読者はこのことの証明を考えてみられたい．直感的には，次のように考えられる：いま f, g が連続としよう．s が t に近いとき，g の連続性より，$g(s)$ は $g(t)$ に近い．すると f の連続性より，$f(g(s)) = (f \circ g)(s)$ も $f(g(t)) = (f \circ g)(t)$ に近い．よって，$f \circ g$ は連続である！ 以上のような論法はもちろん粗すぎるが，たとえば「超準解析」の立場からは，きちんと定式化できる．詳しくは附録 A を参照のこと）．したがって，前章の演習から，$\tilde{g} \circ f$ は正比例関数とわかる．比例定数は 1 での値だったが
$$(\tilde{g} \circ f)(1) = \tilde{g}(f(1)) = \tilde{g}(a) = 1$$
なので，実数 t に対して $(\tilde{g} \circ f)(t) = t$ である．ここで（id, 1）から，正の実数 s に対して $f(\log_a s) = s$ なので
$$\tilde{g}(s) = \tilde{g}(f(\log_a s)) = (\tilde{g} \circ f)(\log_a s) = \log_a s$$
で，結局 $\tilde{g}$ は a を底とする対数関数と等しくなる．
14) たとえば $123 = 1.23 \times 10^2$ だから
$$\log_{10} 123 = \log_{10} 1.23 + \log_{10} 10^2 = \log_{10} 1.23 + 2$$
で，$\log_{10} 1.23$ の値がわかれば $\log_{10} 123$ の値もわかる．ここで，ではどのようにして $\log_{10} 1.23$ を求めればよいか，つまり，常用対数表をどのように作るのかという問題は残っているわけだが，これについては本書の後のほうで再度とりあげることになるだろうk（たぶん）．
15) この物質自体は（たぶん）架空のものだが，ここまで述べてきたような考えは，現実にも使われている．たとえばきわめてゆっくりと崩壊する放射性物質の半減期を「実際に測る」わけにはいかないが，ある一定の時間のあいだにどのくらい崩壊するかを測定しておけば，上と同じような計算で半減期を推測することは可能だ．ちなみに，原子力発電所から生み出される「核のゴミ」の中には「きわめて長い半減期」をもつ諸物質が含まれ（たとえばセシウム 135 の場合，半減期は約 230 万年である），「核のゴミ」の危険性が超長期（人間の生きる時間スケールからみれば永久と言えるほど）にわたり持続する要因となっている．このように深刻な「後始末」の問題を棚上げにしてひたすら前に進む，といった科学技術・社会（もっといえば倫理）のあり方は，もうさすがに終わらせるべきではないだろうか？
16) このような「直線化」の手法が活用される例はほかにもたくさんある．たとえば化学反応に関して，横軸には逆温度（温度の逆数），縦軸には反応速度を対数目盛でプロットする（アレニウスプロットという）と直線が浮かび上がり，傾きや切片の値が読み取れる（正確には「回帰分析」を通じて求める）．そして，この傾きや切片の値から「活性化エネルギー」など直接には測れない重要な値を求められるのだ．
17) 惑星の軌道は楕円形であり，そのいちばん長い幅の半分のこと．
18) 一定時間当たりのエネルギー消費量のこと．
19) 王維『送元二使安西』．

第3章
これからの「微分」の話をしよう

3.1 DDD

N ● 酔っていたので記憶があやふやだが,前回はなんだか理不尽に働かされたような気がする.

S ● 気がするのなら気のせいではないか,定義によって.

N ● なんだ気のせいか.それなら良いんだ.では,さようなら.

S ● まあ,待つんだ.「慌てるなんとかはなんとか」と言うだろう?

N ● そこまで言うならいっそ「なんとかなんとかはなんとか」くらい抽象化したらどうなんだ.あるいはより端的に,「なんとか」でも良い.

S ● なるほど,確かに.いや,そんな話をしたいんじゃないんだ.今から,指数関数の本質に迫るために必須の,ありがたい「微分」の話を聞かせてやろうじゃないか.しかも無料で.

N ● え,無料なのか.それなら聞いていかないと損じゃないか.とっとと話しなさい.

S ● いつものことながら,君のその救いがたい浅ましさには驚嘆を禁じ得ないな.まあそれはともかく,まず関数 f に対して df を
$$df(x_1, x_2) = f(x_2) - f(x_1)$$
によって定めよう.これは,入力が x_1 から x_2 に変化したときの出力の変化を表している.入力の変化については dx と書くことにする:
$$dx(x_1, x_2) = x_2 - x_1.$$
ここで,もし x_1, x_2 についての(少なくとも $x_1 = x_2$ の範囲で)連続な関数[1] A であって df と dx とを $df = A\,dx$ と結ぶものが存在する場合,f は**可微分**であるということにしよう[2].実は,入力が実数である場合,上記の条件をみたす A が存在すれば,それは一意に定まる[3]ことが簡単に証明できる[4].つまり,「f に対してこのような関数 A を対応させる」対応は関数を定めるといえるわけだ.この対応を与える関数を $\mathcal{D}$ と書こ

う．単に言葉の問題だが，関数を入力とする関数のことを**作用素**と呼ぶ．作用素では，移り先を括弧を付けずに，$\mathcal{D}f$ と書く．先程の「$df = Adx$」を書き直せば次の通りだ：
$$df(x_1, x_2) = \mathcal{D}f(x_1, x_2)dx(x_1, x_2). \tag{dif}$$

N ● $\mathcal{D}$ の前に定義した d も作用素か．df が f に対して一つしかないのは，まあ，定め方から明らかだな．しかしそうすると，dx についてはどう解釈するんだ．

S ● これは「x に対して x を返すような関数」，つまり恒等関数に d を作用させているとでも捉えれば，整合的な書き方になっているだろう．

N ● なるほど．$\mathcal{D}f$ についての話に戻ると，dx は入力の変化，df は出力の変化を表すものだから，$\mathcal{D}f$ は，入力1単位あたりの出力の変化量，つまり平均的な変化量を表しているわけだな．

S ● あるいは f のグラフを基にしていえば，$(x_1, f(x_1))$ と $(x_2, f(x_2))$ とを結ぶ直線の傾きともいえる．たとえば2次関数を思い浮かべれば，このような2点を少し動かしただけでは（とりわけ2点が十分に近ければ）傾きもそう大きく動かないことがイメージできるだろう．これは，2次関数が可微分であるということを示唆している．さて可微分な関数 f に対して，その微分 Df を次のように定義する：

定義

関数 f が可微分であるとき，関数 Df を
$$Df(x) = \mathcal{D}f(x, x)$$
によって定める[5]．

N ● 右辺を無理矢理言葉にすれば，「入力が x から x に変化する間の平均的な変化量」というような感じになるな．要はその一点，一瞬における変化の勢いを表すのか．グラフの例でいえば接線の傾きだな．

S ● $\mathcal{D}f$ の一意性から，Df が一意に定まることは明らかだろう[6]．

定義

作用素 $Df \xleftarrow{D} f$ を**微分作用素**と呼ぶ．

記法の問題だが，$\mathcal{D}f$ が(少なくとも $x_1 = x_2$ のところで)連続な関数だから，x の近くの互いに異なる2点 x_1, x_2 について
$$Df(x) \fallingdotseq \mathcal{D}f(x_1, x_2) = \frac{df(x_1, x_2)}{dx(x_1, x_2)}$$
となる．右辺は割り算だが，この近似式を踏まえて，ライプニッツ一流の「記号の濫用」により，関数 Df のことを $\dfrac{df}{dx}$ と書くこともある[7]．この場合，さらに一歩進めて作用素 D のことを $\dfrac{d}{dx}$ と書く．微分作用素については次の図を参考にするとより理解が進むかもしれないし，より混乱できるかもしれない．

$$f(x) \xleftarrow{f} x$$
$$\searrow_{D} \swarrow_{Df}$$
$$Df(x)$$

N● なるほどな，よくわからん．まあ，こういうときは実際計算してみるのが一番だ．$f(x) = x^n$ として $Df(x)$ を求めてみよう(ただし n は正の整数とする)．
$$x_2^n - x_1^n = (x_2^{n-1} + x_2^{n-2}x_1 + \cdots + x_1^{n-1})(x_2 - x_1)$$
だから，右辺の第一項が $\mathcal{D}f(x_1, x_2)$ だ．よって
$$Df(x) = x^{n-1} + x^{n-2}x + \cdots + x^{n-1} = nx^{n-1}$$
となる．

S● そう．これは有名かつ重要な式だな．それともう一つ，$f(x) = a$ (a は定数)の場合はどうか？

N● そもそも $da = 0$ なんだから，$\mathcal{D}a = 0$ であり，当然ながら，$Da = 0$ だな[8]．

3.2 微分作用素の計算法則

S● さて，微分作用素は「関数を入力とする関数」だから，ここからは入力である「関数自体」を前面に押し出すため，たとえば $f(x) + g(x)$ は $f+g$ と書くことにしよう．より厳密には，f, g に対して新たな関数 $f+g$ を $(f+g)(x) := f(x) + g(x)$ で定義する，ということだ．関数 f に数 k をかける「スカラー倍」や関数 f, g どうしの積についても同様に考える：

$$(f+g)(x) := f(x)+g(x)$$
$$(kf)(x) := kf(x)$$
$$(f \cdot g)(x) := f(x)g(x)$$

さて，これらの表記を用いれば，微分作用素の計算法則は次のようにまとめられる．

定理[微分法則]

可微分な関数 f, g および実数 k に対して，和 $f+g$，スカラー倍 kf，積 $f \cdot g$，および合成関数 $f \circ g$ はすべて可微分であり，次が成り立つ：

$$D(f+g) = Df + Dg \qquad \text{(線型性：和)}$$
$$D(kf) = kDf \qquad \text{(線型性：スカラー倍)}$$
$$D(f \cdot g) = Df \cdot g + f \cdot Dg \qquad \text{(積の微分)}$$
$$D(f \circ g) = (Df \circ g) \cdot Dg \qquad \text{(合成関数の微分)}$$

特に最初の二つは，微分作用素が線型であることを示している．線型性については，第1章の後註23)の演習の後註を思い出してほしい．

N● だいたいどれも，オリジナルの d が持っていた性質が $\mathcal{D}$ を通じて D まで遺伝しているということが示せれば良さそうだな．たとえば和 $f+g$ については

$$d(f+g)(x_1, x_2) = (f+g)(x_2) - (f+g)(x_1)$$
$$= (f(x_2)+g(x_2)) - (f(x_1)+g(x_1))$$
$$= df(x_1, x_2) + dg(x_1, x_2)$$

で，まず d が和を保存することがわかった．さらに右辺は

$$df + dg = \mathcal{D}f dx + \mathcal{D}g dx = (\mathcal{D}f + \mathcal{D}g)dx$$

と変形できるから，$d(f+g)$ と dx とを結ぶ連続関数が存在することが証明できた．よって $f+g$ は可微分であり，一意性から

$$\mathcal{D}(f+g) = \mathcal{D}f + \mathcal{D}g$$

で，$\mathcal{D}$ も和を保存することがわかる．ここから $D(f+g) = Df + Dg$ は，定義からすぐに従う．

S● その通りだな．kf についても同じだ．また，積の微分についても，考え方は同じだ（証明はよい演習問題なので，読者に委ねる）．合成関数の微

分についてはどうだろうか.
N● やはりまず $d(f \circ g)$ について考えると
$$d(f \circ g)(x_1, x_2) = f(g(x_2)) - f(g(x_1))$$
$$= \mathcal{D}f(g(x_2), g(x_1))dx(g(x_1), g(x_2))$$
と変形できる．最後の式の第二項についてはさらに
$$dx(g(x_1), g(x_2)) = g(x_2) - g(x_1)$$
$$= \mathcal{D}g(x_1, x_2)dx(x_1, x_2)$$
と変形できるので，結局
$$d(f \circ g)(x_1, x_2) = \mathcal{D}f(g(x_2), g(x_1)) \times \mathcal{D}g(x_1, x_2)dx(x_1, x_2)$$
となる．よって合成関数 $f \circ g$ は可微分で，
$$\mathcal{D}(f \circ g)(x_1, x_2) = \mathcal{D}f(g(x_2), g(x_1))\mathcal{D}g(x_1, x_2)$$
だ．したがって
$$D(f \circ g)(x) = \mathcal{D}f(g(x), g(x))\mathcal{D}g(x, x)$$
$$= Df(g(x)) \cdot Dg(x)$$
$$= (Df \circ g)(x) \cdot Dg(x)$$
とわかる．

3.3 指数関数の微分

S● さていよいよ本題である指数関数 $f(x) = a^x$ の微分について考えよう．そもそもこの話をしたいがために，微分の話をしたのだ．実際の講義では，このあたりで指数関数のグラフの傾きを直接物差しで測定させ，その測定値を片対数グラフにプロットさせる．そうすると，直線にのることがわかる．

N● ということは，前章の演習(1)によれば，各点での傾きは「(定数)×(指数関数)」と書けるということだな．

S● そう．「指数関数の微分は，(定数)×(指数関数)となるだろう」という予想をさせるわけだ．そこで聞く，「本当だろうか？」と．

N● じつにわざとらしい誘導尋問だな．

S● たしかにそうだが，問題意識をまったく持たないままに答えを教えられるのよりはましではないだろうか．私がよく言うのは，「問いがなければ答えがない」ということ[9]だ．

N● まあ，たとえば，4択問題の問題文を聞かないままに「3番？」と答えて「正解！」と言われても，なにも嬉しくないのは当然だ．残念ながらそういう「教育」があふれているんだろうけど[10]．

S● 話を戻して，指数関数の微分について考えてみよう．$x_1 \neq x_2$ に対しては

$$a^{x_1} - a^{x_2} = \frac{a^{x_1} - a^{x_2}}{x_1 - x_2} \cdot (x_1 - x_2)$$

と，(dif)の形に変形することができる．x_1, x_2 が近いときの，$\mathcal{D}f(x_1, x_2)$ に相当する部分の挙動を調べる必要がある．この部分は指数法則によって

$$\frac{a^{x_1} - a^{x_2}}{x_1 - x_2} = a^{x_2} \cdot \frac{a^{x_1 - x_2} - 1}{x_1 - x_2}$$

と変形することができるから，$h := x_1 - x_2$ とおいて $\lim_{h \to 0} \dfrac{a^h - 1}{h}$ について調べれば良いことがわかる．さらに分子を t とおくと

$$\frac{a^h - 1}{h} = \frac{t}{\log_a(1+t)} = \frac{1}{\log_a(1+t)^{1/t}}$$

の $t \to 0$ での振る舞いを調べることと同じだ．そしていろいろやると，対数関数の中身の部分が，ある定数 e に収束することがわかる[11]．よって，

$$\lim_{x_2 \to x_1} \frac{a^{x_1} - a^{x_2}}{x_1 - x_2} = a^{x_1} \lim_{t \to 0} \frac{1}{\log_a(1+t)^{1/t}}$$

$$= a^{x_1} \frac{1}{\log_a e}$$

$$= a^{x_1} \log_e a$$

$$= \log_e a \cdot a^{x_1}$$

ということがわかった．したがって，指数関数 $f(x) = a^x$ に対して $\mathcal{D}f$ を

$$\mathcal{D}f(x_1, x_2) = \begin{cases} \dfrac{a^{x_1} - a^{x_2}}{x_1 - x_2} & x_1 \neq x_2 \\ \log_e a \cdot a^{x_1} & x_1 = x_2 \end{cases}$$

と定めれば，これは(dif)をみたす連続関数だ．つまり f は可微分で

$$Df(x) = \log_e a \cdot a^x$$

となる．すなわち，

$$Da^x = \log_e a \cdot a^x$$

ということだ．つまり，微分作用素 D の指数関数への作用は，実は単に定数 $\log_e a$ を掛けるだけになる．これは，次章以降みていくことになるが，指数関数の本質を端的に言い当てている．直感的に言えば，「指数関数とは，変化率が現存量に比例する関数だ」ということになる．

N● なるほど．前章の放射性物質の話にしてもまさにそうなっているわけだな．ところで e を定める数列を見直すと，これは a によらないようだが．

S● そう．つまりこの e は，どんな指数関数を微分しても，定数の対数の底として現れる普遍的な存在ということだ．また，特にこの e を底とした指数関数 e^x を考えると，これを微分したときに出てくる定数が $\log_e e = 1$ となって，e^x が微分によって形を変えない指数関数であることがわかる．物理では方程式を簡単にするような単位系を選ぶことがあるが，我々の場合でもこの定数を基準にして話を進める方が良いだろう．

定義

指数関数 $f(x) = a^x$ を微分したときに現れる定数を a の**自然対数**と呼び，$\ln a$ と書く[12]．また $\ln a$ は，数列 $\left\{\left(1+\dfrac{1}{n}\right)^n\right\}$ の極限値 e を用いて

$$\ln a = \log_e a$$

と書ける．このことから，e を**自然対数の底**と呼ぶ．さらに，e を底とした指数関数 e^x のことを特に $\exp(x)$ とも書く．

3.4 対数関数の微分および対数微分

N● それで次は対数関数というわけか．

S● そう．前章の対数関数の底の変換公式によれば，与えられた対数関数をどんな底にでも変換することができたから，今後はおもに底を e とした自然対数関数 $\ln$ について考えていこう．定義によって $\ln$ は $\exp$ の逆関数なわけだが，一般に可微分な関数 f が逆関数 g を持つとき，逆関数の可微分性についてどういったことがわかるだろうか？

N● (dif) において $y_1 = f(x_1)$，$y_2 = f(x_2)$ とすれば，$x_1 = g(y_1)$，$x_2 = g(y_2)$ だから

$$y_1 - y_2 = Df(g(y_1), g(y_2))(g(y_1) - g(y_2))$$

となる．よって，$Df(g(y_1), g(y_2)) \neq 0$ なる範囲では

$$g(y_1) - g(y_2) = \frac{1}{Df(g(y_1), g(y_2))}(y_1 - y_2)$$

と表すことができる．ここで，実際に微分する際に興味がある範囲は $Df(g(y), g(y)) \neq 0$ という y の範囲であることに注意しよう．$Df(g(y), g(y))$ は（少なくとも $y_1 = y_2$ のところで）連続だから，y_1, y_2 を上のような y に対して充分近くにとって $Df(g(y_1), g(y_2)) \neq 0$ とできる．以上から次のことがわかる．

定理 [逆関数の微分]

可微分な関数 f が逆関数 g を持つとき，g は $Df(g(y)) \neq 0$ なる範囲で可微分であり，

$$Dg(y) = \frac{1}{Df(g(y))}$$

が成り立つ[13]．

S ● $f(x) = \exp(x)$, $g(y) = \ln y$ に対してこの定理を適用すると，対数関数 g は可微分で

$$Dg(y) = \frac{1}{Df(g(y))} = \frac{1}{f(g(y))} = \frac{1}{y}$$

とわかる．あとは対数微分か．

N ●「対数関数の微分」ではなく「関数の対数をとって微分」だな．

S ● そうだ．可微分な関数 f に対して，対数関数との合成 $\ln f$ を考える[14]．このとき，合成関数の微分公式から，$\ln f$ は可微分で

$$D(\ln f) = (D(\ln) \circ f) \cdot Df = \frac{Df}{f}$$

となる．

N ● ふん，これがどうかしたのか．

S ● なぜ君はそのようにセンスがないのか．まず，微分についてはある瞬間における量の変化を表すものだと捉えよう．右辺ではもとの関数の変化量を，関数の値そのもので割っている．つまり水準の変化でなく，割合で捉える，ということだ．化学物質の反応や放射性物質の崩壊では，残

存量に応じた変化が生じるから，こういった量を引き出せるというのは大変重要なんだ．

3.5 関数の歌を聴け

N● まあまあ，落ち着くんだ．我々ももう随分と議論を進めたわけだからここらで一杯やろう．

S● お，実に気の利いたことを言うじゃないか．偶然ここに「純米吟醸　長濱」がある．うちの大学の学生も，米づくりから関わらせてもらっている酒だ．

N● 常に酒の用意を怠らないなんて，君は数学者の鑑だな．早速乾杯だ．

S● 実にうまい．これはいくらでも呑める．もう一杯いこう．

N● 素晴らしい．そういえば，さっきの「逆関数の微分」で「$Df(g(y)) \neq 0$ なる範囲で」と言っていたところで気になったんだが，可微分の定義のところで「どの範囲で」可微分かについて何も言っていないな．

S● ほう，よく気付いたな．まあ，適当な部分で定義されていると考えてくれ．その場の文脈に応じて，と言っても良い．

N● なんだと，そんなあやふやなことで良いのか．

S● 急に厳密になるとは，なんて面倒な酔い方なんだ．数学のライヴ感を重視するためだ，多少の犠牲は仕方なかろう．もっと関数たちの生み出すグルーヴを感じるんだ．そもそも「問いがなければ答えがない」んだから，考えている状況に応じて，それに適した数学が新たに生まれていくのはきわめて理に適っている[15]．

N● 即興演奏のようなものか．

S● その通り．それに，今思い付いたが，それまで考えていた定義域を捨て去って，必要に応じて変えていくという感性が重要であることを強調したいがために，あえて詳しいことは何も書かなかったのだ．我々は何物をも構築し得るし，また何物をも失い得るのだよ．

N● そうか．その結果が，面倒くさいから書かなかった，という単なる怠惰と区別が付かないのは実に残念だ．

S● たしかに．実際，私にも区別は付かない．まあ，そんな不都合な話は忘れて，我々が今まで語ってきた微分がどの程度の構造の上で定義でき，

理論を構築できるか考えてみよう．

N ● とりあえず，バナッハ空間（より一般にバナッハ・アフィン空間）くらいまでいけるのでは．

S ● お，酒のおかげで口が滑らかになって，技術用語が出てきたな．だが，もっといけるんじゃないか．局所凸空間ではどうなるかな．いや，そもそも，使っているのは「定義域，値域での差」，「値域での積」，「直積上の連続性」だけだから，もっともっと一般に，たとえばある種の圏における微積分が構築できるのでは？

N ● そのような抽象的な議論においては，我々の場合，さらなるアルコールの力が欠かせないな．

S ● なるほど，「陶然として共に機を忘れん」[16]というわけか．実に正しい心構えだ．

3.6 演習

(1) $f(x) = \sqrt{x}$ に対し，$Df(x)$ を定義にしたがって求めよ．ヒント：$a^2 - b^2 = (a+b)(a-b)$

(2) α を任意の実数として，$g(x) = x^\alpha$ $(x > 0)$ に対し，対数微分法を用いて $Dg(x) = \alpha x^{\alpha-1}$ であることを示せ．これは，演習 1 を $\alpha = \dfrac{1}{2}$ の場合として含んでいる．

(3) 【上級者向き】

(a) f をバナッハ空間 X から Y への写像とする（より一般にはバナッハ・アフィン空間）．f の可微分性を本文にならって定義するとき，これが次の条件と同値であることを示せ．必要ならハーン-バナッハの定理を用いよ．

X から $L(X, Y)$ への連続写像 Df（$L(X, Y)$ は X から Y への連続な線型写像全体の成す空間を表す）と，$X \times X$ から Y への対角線上で連続な写像 r で $r(x, x) = 0$ となるものが存在して
$$f(x) - f(y) = Df(x)(x-y) + r(x, y)\|x - y\|$$
をみたす．ここで $\|\cdot\|$ は X のノルムを表す．

なお，証明を行えばわかるが，$df = Adx$ となる A に対し，$A(x,x)$ はこの条件の $D(x)$ に一致する．またこの条件からは，D の一意性も導ける．よって，A は $x_1 = x_2$ においては一意的である．

（b） さらに一般の文脈における可微分性について考察し，理論を構築せよ．

註

1) 2変数の連続関数だが，その定義は1変数の場合と同じく「入力のずれを小さく調整することで出力の変動を望むだけ小さくできる」ということである．
2) 演習(3)において取り上げるが，この定義はバナッハ空間（より一般にはバナッハ・アフィン空間）においても適用でき，そこではいわゆる「C^1-級」(連続的微分可能) の概念と同値であることが証明できる．したがって，通常の「微分可能」という条件よりは強い条件であるが，著者らは，むしろ C^1-級にあたるこの概念をこそ「可微分」と呼ぶほうが適切ではないか（そして一般に言う通常の「微分可能性」は「準可微分」とでも呼べばよいのではないか）と考えるので，ここでは通常とあえて異なる用語法を採用することにした．本章のタイトルには，そういう含意もある．このようなやり方は乱暴かもしれないが，適切な用語法を求めていくことも大切ではないだろうか．例えばブルバキやそのメンバーたちは，よくそういうことをやった．筆者らもその驥に倣おうというわけである．
3) 考えている数学的対象が実際に存在するか否かということが問題となるのは明らかだが，存在したときにその対象が一つなのかどうかということも興味深い問題となる．こういった一意性の議論については，P. J. デービス，R. ヘルシュによる『数学的経験』(柴垣和三雄，清水邦夫，田中裕訳，森北出版) において，10世紀のエジプトの神学者サーディア・ガーオンが「神の一意性」について論じていることが指摘されている．
4) A のほかに B もまた $df = Bdx$ をみたすとする．$x_1 \neq x_2$ に対しては，両辺を dx で割れば，A, B の双方が $\dfrac{df(x_1, x_2)}{dx(x_1, x_2)}$ に等しいことがわかる．あとは，連続性から
$$A(x_1, x_1) = \lim_{x_2 \to x_1} A(x_1, x_2)$$
$$= \lim_{x_2 \to x_1} B(x_1, x_2)$$
$$= B(x_1, x_1)$$
となって，両者は一致する．なお，上の議論においては，「割り算」が使われている．「割り算」が使えないような世界での可微分性を考えると，多少状況は複雑になるが，「複数存在したとしても，$x_1 = x_2$ となるところでは一致する」ことを示すことができる (演習(3)参照)．
5) この Df は連続関数となる．本書での可微分性の定義が，通常の C^1-級 (連続微分可能) に対応していることに注意．
6) 入力が数でなくより一般の場合の可微分性の定義を考えようとすれば，Df が一意ではなくなる（よって作用素 $\mathcal{D}$ を今回のようにはうまく定義することができない）のだが，その場合でも，Df の一意性は示すことができる (演習(3)参照)．
7) そして，ラグランジュにならってこれを f' などと書くこともある．高等学校ではこれがおなじみであろう．記号には一長一短あるが，本書においては，f' のような記号は（微分の記号としては）用いない．その一つの理由は，微分作用素を脇役ではなく，ものがたりの主役の一人に据えたいからである．ほかの理由は，おいおいわかってくると思う．
8) 要するに，「定数は微分すると0になる」ということ．ところが，その「逆」，すなわち「微分して0となる関数は定数か？」という問題は，見かけよりもなかなか深いのである．これについては，次章をお楽しみに．
9) ゴータマ・ブッダの「縁起」の論理の応用．
10) 筆者らの講義やこの本自身も，そこから無縁であるとはまったく思わない．
11) さらに変数の置き換えを続けて，$s = \dfrac{1}{t}$ とおけば，$\left(1 + \dfrac{1}{s}\right)^s$ で s を大きくしていったときの挙動を調べることになる．この極限について考える前に，数列 $\left\{\left(1 + \dfrac{1}{n}\right)^n\right\}$ の極限について考えよう．二項定理を駆使

することで，この数列が単調増加であり，しかも有界，つまりある一定の大きさ以上には大きくならないことがわかる．そして，このような実数列は収束する(本章でもやはり実数の連続性が本質的な役割を果たす部分が出てきた)ので，その値を e とする．実数 s について考える場合は，$n \leqq s < n+1$ となる自然数 n をとれば，やはり e に収束することが証明できる．

12) ラテン語の "logarithmus naturalis" から．
13) 実は逆関数の存在をあらかじめ仮定しなくても，f の微分が 0 でさえなければ，上のような g が存在することがいえる．これを逆関数定理(一般には「逆写像定理」)と呼び，「多様体」の概念への入り口となる．この本においてもこの定理について立ち戻ることがあるかもしれない(いつもながら，保証はできないが)．
14) もちろん，考えられる範囲で．
15) たとえば「層」の概念であったり，ゲルファント表現(スペクトル分解の一般化)であったりというのは，このような考え方を合理化するものである．
16) 李白「下終南山過斛斯山人宿置酒」から．機とは，細かいこと．

第 4 章

exp/世界でひとつの関数

4.1 前章で言い忘れたこと

N ● 「純米吟醸 長濱」もついになくなってしまった．なぜ素晴らしいものは，こうも速やかに消えていってしまうのだろう．世は無常だ．

S ● ほう，速やかな減衰に思いを馳せるなら，指数関数が最適だ．微分について，飲む前に言い忘れたことがあるからちょうど良い．

N ● そういったややこしいことは，アルコールが織り成す靄の中に押し込んでしまえば良いのに．

S ● まあ，そう言うな．関数 f に対して，連続な 2 変数関数 $\mathcal{D}f$[1)] で
$$f(x) - f(y) = \mathcal{D}f(x,y)(x-y) \qquad \text{(dif)}$$
をみたすようなものが存在するとき，f は可微分であるというのだった．そして f の微分 Df を
$$Df(x) = \mathcal{D}f(x,x)$$
と，$\mathcal{D}f$ の対角成分[2)]を取り出して定めていた．f のグラフを想像すれば，$\mathcal{D}f(x,y)$ は，グラフ上の 2 点 $(x, f(x))$ と $(y, f(y))$ とを結ぶ割線の傾きを表していることがわかるだろう．このイメージでは，x における微分の値 $Df(x)$ は接線の傾きを表しているといえる．また，f の値の増減を基にして考えれば，$\mathcal{D}f(x,y)$ は，入力が x から y へと変化するときの f の値の変化の平均を表す．

N ● 特に f が，ある時刻における物体の位置や何らかの量を表しているような場合だと，$\mathcal{D}f$ は平均速度，微分 Df はある一瞬における速度と捉えることができるな．それで何を言い忘れていたんだ？

S ● ああ，(dif) の形からすぐにわかるが，可微分な関数は連続だということだ．x を基準にして考えると，y が x に充分近ければ $x-y$ は小さいし，また $\mathcal{D}f$ は連続だから，これは $Df(x)$ に近い．よって $f(y)$ は $f(x)$ に近いといえる．まあとにかく，微分というものはある瞬間における関数

の勢いを表していると捉えておけば良いだろう．実はこのイメージ通り，微分についての正負を調べるともとの関数の増減の様子を知ることができる．

N● なるほど．たとえばある点 c において微分が正なら，$\mathcal{D}f$ の連続性から，c に近い a, b で $\mathcal{D}f(a, b)$ も正だ．(dif) を見れば，これは $f(a)$ と $f(b)$ との大小関係が a と b との大小関係に一致することを意味するから，f は点 c の周りで単調に増加しているな．

S● 微分が負の場合でもまったく同様で，関数はその点の周囲で減少する．正負が切り替わる境目は0だから，手順としては，どこで微分が消えるのかを探すことが関数の増減を調べるための第一歩だな．そうして，その周囲で微分の符号がどうなっているかを調べる．ここからいわゆる「最大・最小問題」への応用も出てくるわけだが，ここでは割愛しよう．

4.2 もしも微分が消えたなら

N● では，微分がずっと0ならどうなっているんだ？

S● 常に勢いがないということだから，フラットな関数，つまり定数関数になるということが直感的には想像できるが，ちゃんと言おうとするとそれほど簡単ではない．したがって，これは君の仕事だ．

N● なにが「したがって」だ．全然論理的でないじゃないか．

S● なんだと，私が論理を超越した大人物だと言いたいのか？

N● いやまったく言いたくない．どうしたらそんな推論ができるんだ．わけがわからん．

S● なんて不毛な会話なんだ．とにかく，次の「有限増分の不等式」が成り立つことを示して，はやく話を進めてくれ．

定理

関数 f は，区間 $I = [a, b]$ を含むある領域で可微分であるとし，その微分の絶対値がある定数 M によって

$$|Df(x)| \leq M, \quad x \in I$$

と抑えられているとする．このとき，出力の変動 $|f(b) - f(a)|$ について

$$|f(b)-f(a)| \leq M(b-a)$$

が成り立つ．

N● やれやれ．本質的には，(dif)を

$$f(x)-f(y) = (\mathcal{D}f(x,y)-Df(x))(x-y)+Df(x)(x-y)$$

と変形することが重要だな．右辺の第一項はyがxに近ければ小さく，第二項はMで抑えられる．第一項についての評価をちゃんとやるために，まず$\varepsilon>0$を任意に固定する[3]．このとき$\delta>0$で，$I\times I$[4]内の2点$(x_1,y_1),(x_2,y_2)$間の距離がδより小さければ，$\mathcal{D}f$の値の差がεより小さくなるようなものがとれる：

$$\sqrt{(x_1-x_2)^2+(y_1-y_2)^2}<\delta \Longrightarrow |\mathcal{D}f(x_1,y_1)-\mathcal{D}f(x_2,y_2)|<\varepsilon$$

注意すべきことは，このδが，ある深遠な理由によって点(x_1,y_1)の選び方によらないようにとることができるということだな．

S● 単なる連続性のみでは(x_1,y_1)を定めるごとにδが定まるが，今の状況では$\mathcal{D}f$が一様連続になるからな[5]．

N● そうだ．ここで$Df(x)$とは$\mathcal{D}f(x,x)$であったことを思い出せば，今$\mathcal{D}f(x,y)-Df(x)$を評価する上で興味がある2点というのは，(x,y)と(x,x)ということになる．この2点に対して先程の一様連続性の条件を言い直すと

$$|x-y|<\delta \Longrightarrow |\mathcal{D}f(x,y)-Df(x)|<\varepsilon$$

となる．そこで区間Iを細かく分割して，それぞれの幅がδより小さくなるようにしてうまく評価すると[6]

$$|f(b)-f(a)| \leq (M+\varepsilon)(b-a)$$

がわかる．εは任意にとったものだから

$$|f(b)-f(a)| \leq M(b-a)$$

だ．

S● この証明の論法ではεが良い働きをしているな．最終的には消えてしまうものの，これをいったんとらないと話を進めることができない，という意味において「執って仮設する」という概念をよく表している．

N● そうか，それは良かったな．さて，考えている範囲で微分が0なら，定理のMとして0がとれるので，範囲内でどんな区間$[a,b]$をとっても$|f(b)-f(a)|=0$となる．つまりfは定数だ．

S● よし，これで次のことが示せた．

> **系**
>
> 可微分な関数 f の微分が常に 0 なら，f は定数関数である．

微分作用素を含む関数方程式[7]を**微分方程式**と呼ぶが，この系では最も単純な微分方程式 $Df = 0$ を「f は定数関数である」と解いた，といえる．右辺の 0 を少し一般化すると，既知の関数 g に対して $Df = g$ をみたす関数 f を探すような微分方程式が考えられる．解が存在する場合，そのような f，つまり微分すると g になるような関数のことを，g の**原始関数**と呼ぶ．仮に f_1, f_2 がどちらも g の原始関数であれば，$Df_1 = g = Df_2$ から $D(f_1 - f_2) = 0$ で，この系から $f_1 - f_2$ は定数であることがわかる．つまり f_2 は何らかの定数 c を用いて $f_2 = f_1 + c$ と書けるということだ．

> **系**
>
> g の原始関数は，存在すれば定数の違いを除いて一意に定まる．

N● 微分方程式は「$Df = g$ を満たす f を**すべて**求めよ」と要請しているわけだが，これを解くには，なんでも良いから一つ具体例を挙げてやれば充分だということだな．ほかの解は（具体例＋定数）の形をしていることになるから．

S● そういうことだ．ところで，微分することによって定数の違いがわからなくなるのは，(dif)に立ち返れば当然ともいえる．というのも，これは関数 f の**変化**を問題にしているものであって，**水準**によらないからだ．

N● たしかに．関数のグラフの割線や接線の傾きというイメージを採用しても，傾き自体はグラフ上の点の高さとは無関係に，水平軸がどこにあるかによらずに決まるな．

4.3 再び，指数関数ってなんだ？

S● 次により興味深い，微分するともとの関数の定数倍になるような関数を求める微分方程式

$$Df = kf$$

について考えよう．

N● いかにも対数微分が使えそうな形だな．$D(\ln f) = \dfrac{Df}{f}$ だったから，この微分方程式は $\ln f$ についての微分方程式

$$D(\ln f) = k$$

に書き換えられる．これを用いると….

S● ちょっと待った．その方針は非常に自然で良いのだが，対数をとるということは $f > 0$ が前提とされているぞ．実を言えば，この問題点をクリアすることは可能であり，しかも面白いのだが，こういった込み入った問題については，読者に丸投げするのが良いだろう（演習(1)参照）．われわれのような横着ものは別の方針をとることにしよう．経験的にいって，「対数微分」を用いた自然な論法の代替物としては，「積の微分」を使ってみるとよい場合がある．ここでは，

$$g(t) = \exp(-kt)$$

をとって $D(fg)$ について考えてみよう．

N● なるほど，君らしくもない細心の注意だな．積の微分公式によれば

$$\begin{aligned} D(fg) &= Df \cdot g + f \cdot Dg \\ &= kf \cdot g + f \cdot (-kg) \\ &= 0 \end{aligned}$$

だから，なんと fg は定数関数ではないか．

S● なぜそんなに白々しい反応なのか．まあとにかく，すべての t に対して $f(t)g(t)$ がある定数に等しいのだから，特に $t = 0$ での値 $f(0)g(0)$ を採用して良いだろう．今，$g(0) = 1$ だから

$$f(t) = \dfrac{f(0)}{g(t)} = f(0)\exp(kt)$$

と解ける．ここで $a = \exp(k)$ とおけば $\exp(kt) = a^t$ だから，左辺は，定数と「a を底とする指数関数」との積となる．つまり，次の通りだ．

系

微分するともとの関数の定数倍となる関数は，指数関数に何らかの定数をかけたかたちのものに限る．

N ● ここでも定数の分だけ自由度があるのか.

S ● そうだな.この定数を決定するには,どこでも良いからある1点での関数の値が与えられれば良い.さっき使ったように,$t = 0$ での値が与えられることが多いが,こういった条件を**初期条件**と呼ぶ.さて特に $k = 1$ の場合を考えると,微分しても形の変わらない関数は定数倍を除いて exp に限ることがわかる.そしてこの「定数」は,先程も述べたとおり原点での値によって決定される.これは言い換えれば,初期条件を伴った微分方程式

$$Df = f, \quad f(0) = 1$$

が $f = \exp$ と解ける,ということだ.

N ● 指数関数を微分してもかたちが変わらないのはすでに見たが,この逆が成り立つということは,この性質が指数関数の本質なのだな.

S ● その通り.exp とは微分して変わらない「世界でひとつの関数」というわけだ.君がうまい具合に今指摘した通り,微分方程式によって指数関数を特徴付けすることができる.つまり,

$$Df = kf, \quad f(0) = 1$$

だけを用いて指数法則を導くことができる.まず $g(t) = f(t)f(-t)$ とおいて微分を考えると,g が常に 1 であることがわかる[8].よって f は 0 にならないから,定数 a を任意にとって固定し,関数 h を $h(t) = \dfrac{f(a+t)}{f(a)}$ で定めよう.h の微分を考えると,合成関数の微分公式から

$$Dh(t) = D\frac{f(a+t)}{f(a)}$$

$$= \frac{Df(a+t)}{f(a)}$$

$$= \frac{kf(a+t)}{f(a)}$$

$$= kh(t)$$

となるから,h が f と同じ微分方程式を満たすことがわかる.さらに定め方から $h(0) = 1$ で,初期条件も等しい.よって $h = f$ であり,これは

$$f(a+t) = f(a)f(t)$$

を意味する．これは「入力が和なら出力は積」という指数法則にほかならない．われわれは「指数法則を満たすこと」を指数関数の定義として話をすすめ，「微分してかたちが変わらない（定数倍となるだけ）」であることを導いたのだが，逆にこの性質を出発点にとっても良かった，ということなのだ．

N ● 微分を使って表される「局所的」な性質と，「大局的」な法則とが対応しているというわけだな．

S ● ここでわれわれは偉大な「リー理論」の入り口に立っているのではあるが，「けれどもこれは別の物語，いつかまた，別の時に話すことにしよう」[9]．

4.4 積分への道

N ● ところで，「初期」条件といったり，変数がいつの間にか t になっていたりと，随分時間を意識した話だったな．

S ● 妙に鋭いな．酒を飲みつくした絶望によって観察眼が研ぎ澄まされたのか．以前私は「指数関数がシステムの発展を表している」と言っていたが，ここでは微分方程式もまたシステムの発展を表すのに適した道具だという観点に立っているのだ．これは微分が速度や勢いを表しているという解釈によった考え方だ．

N ● つまり「微分方程式 $Df = g$」を，各時刻における値 $g(t)$ が与えられたときにこれを速度とするような運動の軌跡 $f(t)$ はどんなものであるか，と捉えるということか．

S ● そういうことだ．こういった微分方程式がどんな g に対して解けるか，は重要な問題だ．別の言い方をすれば，どんな g が原始関数を持つのだろうか？

N ● うん，$\mathrm{Im}\, D$[10] に含まれていたら良いだろうね．

S ● ペダンティックで，しかも何の役にも立たないトートロジーだな．

N ● その言いぐさ自体がペダンティックだな．まあもう少し言えば，多項式の原始関数は直接計算できる[11]し，指数関数にいたっては指数関数自体が原始関数になることがわかっているから，少なくとも「原始関数を持つ関数全体」について「考えても無意味」ということはないだろう．

S● われわれが考えている可微分な関数の微分は，定義（dif）によって連続だから，$\mathrm{Im}\,D$ は差しあたって「連続関数の全体」に含まれる．だが，逆に連続関数なら原始関数を持つだろうか？

N● さっきの速度と軌跡のイメージに戻ってみると，持ちそうだな．速度が連続関数で書けるなら，微小な時間に区切ってみれば，速度はほぼ一定の値とみなして良いだろうから，変位はその値と微小時間との積として求められるだろう．この変位を積み重ねていけば全体の運動の様子，つまり原始関数がわかるはずだ．

S● まさにその通りだ．君が見事に推察したように，微分方程式を解く（あるいは解の存在を論じる）ためには「こまかくわけて，かけてたしあわす」という算法すなわち**積分**が核心的な役割を果たすのだ．

N● 高校では面積を通じて積分を理解して[12]いたな．

S● 実際，われわれの議論と「面積を求める問題」は，決して異なるものではない．横軸を時間にとって速度のグラフを考えてみれば，速度と微小な時間との積である微小な変位は，微小な長方形の面積と捉えることもできるだろう．そして，全体を通した変位は微小な変位の総和，つまり，それらの微小な長方形の面積の総和であり，これはグラフの下側と横軸とで囲まれる部分の面積に近いだろう．そして微小さの精度をあげていけばいくほど，その誤差は小さくなるに違いない．

N● そうしてみると，積分の考えの核心には，ある関数を**階段関数**[13]によって近似する，というアイデアがあるのだな．

S● まさにその通りだ．「階段関数によって近似できる関数[14]」のことを**方正関数**と呼び，「方正関数の全体」は積分を考えるうえで一つの有用な舞台となる．しかし，積分については，次章より本格的に扱うことにしよう．

N● そうか，次章はもう積分の話になってしまうのだな．

S● 「もう」といっても，今や6月だからな．

N● ああたしかに，既に紫陽花の季節か．飲んでばかりいた気がする．もう少し真面目に生きよう．

S● ふむ，まさに「両人対酌して山花開く，一杯一杯復た一杯」[15]というやつだな．どうかね，また一杯どこかへ飲みに行くか．

N● 君は一体，人の話を聞く気があるのか．もう酔って眠たくなってきたから，君はしばらく帰って，また気が向いたら積分論のノートでも持って

きてくれ.

4.5 演習

(1) 微分方程式
$$Df = kf$$
を，f の値が常に正であるという条件を課して，能美がやろうとしていた対数微分を用いた方法で解け．

(2) 上の問題において，「常に正」の条件を取り去るための議論を考えよ．ヒント：「常に 0」という自明な解を除けば，f の値が 0 でない点をとることができる．必要なら符号を反転させた関数を考えることで，この値が正であると仮定して良い．その近傍では，解が存在し，それは 定数 × 指数関数 のかたちをしているはずである．ところで，この場合（すなわち「常に 0」ではない）場合，実をいうと「決して 0 にならない」ことが示せる．以上の議論を上手に組み合わせれば，証明が得られる（より一般的な議論も考えられる．各自探究されたい）．

註

1) 一般には $x = y$ のところでの連続性で良い．割り算が許されるような世界においては，$x \neq y$ で
$$\mathcal{D}f(x, y) = \frac{f(x) - f(y)}{x - y}$$
であり，さらに後述するように f が可微分であれば連続なので，$\mathcal{D}f$ は全体で連続となる．
2) $x = y$ のところに着目したもの，というほどの意味．
3) 技術的な話が続くので，重要な部分のみを知りたければ次の系までとばしても良いし，とばさなくても良い．
4) 一般に，集合 A, B に対し $A \times B = \{(a, b) | a \in A, b \in B\}$ すなわち A, B の「直積」を表す．
5) 連続と一様連続との違いについては第 1 章で述べた通り．「ある深遠な理由」や「今の状況」については，「有界数列は収束する部分列を持つ」ことを主張するボルツァーノ–ワイエルシュトラスの定理から，「$I \times I$ 上の連続関数が最大値，最小値を持つ」ことが従い，ここから「$I \times I$ 上の連続関数は一様連続である」ことがわかるということを指している．（位相空間論の核心である**コンパクト**の概念を使えばよりすっきりとした分析が可能だが，ここでは禁欲する．コンパクト性について詳しくは附録 A 第 3 節を参照．）
6) 区間 I を
$$I = [t_0, t_1) \sqcup [t_1, t_2) \sqcup \cdots \sqcup [t_N, t_{N+1}],$$
$$t_0 = a, \quad t_{N+1} = b$$
と分割すると，各 $j = 1, \cdots, N+1$ に対して
$$|f(t_j) - f(t_{j-1})| \leq |\mathcal{D}f(t_j, t_{j-1}) - Df(t_j)|(t_j - t_{j-1}) + |Df(t_j)|(t_j - t_{j-1})$$
$$\leq (M + \varepsilon)(t_j - t_{j-1})$$
が成り立つので
$$|f(b) - f(a)| \leq \sum_{j=1}^{N+1} |f(t_j) - f(t_{j-1})|$$
$$\leq (M + \varepsilon) \sum_{j=1}^{N+1} (t_j - t_{j-1})$$
$$= (M + \varepsilon)(b - a)$$

7) 普通の方程式は，与えられた条件を満たす未知の変数を決定しようとするものだが，対象を関数としたものを関数方程式と呼ぶ．
8) 積の微分公式，合成関数の微分公式から
$$Dg(t) = Df(t) \cdot f(-t) + f(t) \cdot Df(-t)$$
$$= kf(t) \cdot f(-t) + f(t)(-kf(t))$$
$$= 0$$
となるので，g は定数関数であることがわかる．その定数は，$g(t) = g(0) = f(0)f(0) = 1$ から，1 である．
9) ミヒャエル・エンデの不朽の名作『はてしない物語』(上田真而子・佐藤真理子訳，岩波書店) から．数学においてもまた，世界を注意深く旅することによって，非常に多くの物事が，別の何かの起点となっていることに気付くだろう．
10) 「D の出力全体」の集合のこと．「D による像」と呼ばれる．
11) まず単項式 x^{n+1} について，その微分が $(n+1)x^n$ となるから，x^n の原始関数の一つが $\dfrac{1}{(n+1)}x^{n+1}$ であることがわかる．一般の多項式については，D が線型であることから，各項の原始関数を考えれば，その和が原始関数の一つを与える．
12) あるいは「理解したつもりになって」というべきか．
13) 直感的にいえば，「グラフが階段状の関数」．より正確に定義すれば，「入力全体の集合を，有限個の『そこでは出力が一定となるような』区間に分割できるような関数」．
14) より正確には，階段関数列の一様収束極限となる関数．一様収束の概念については，次章で扱う．
15) 李白「山中与幽人対酌」より．

第5章
積分のアイデア

5.1 若き数学者の悩み

S ● いやあ，実に悩ましい．

N ● 何に悩んでいるか知らないが，それは良かったな．ゲーテによると「人は努力する限り悩むものだ」そうだが，より厳しく評価しても「死んでいれば悩まない」のだから，君は少なくとも生きているといえる．

S ● 死者が悩まないと本当にいえるのか？ いやちょっと待て，また議論がわけのわからない脇道に逸れてしまう．まったくけしからん奴だな，君は．今はそんなことより，積分の話をどう展開するかで悩んでいるんだ．これ以上話を混乱させないでくれ．前章で「どのような関数に対して原始関数は存在するか？」という問いが出てきただろう．

N ● ああ．その問題については，「こまかくわけて，かけてたしあわす」という演算すなわち積分の「意味」を考えることで，「連続関数に対しては原始関数は存在するだろう」と予想していたな．

S ● この予想をきっちりと証明するためには，もちろん解析的な議論が必要だ．しかし，ひとたび原始関数の存在が知られたとすると，「原始関数を求める作用素」の代数的な取り扱いに注目するだけでも，いろいろ面白いことが芋づる式に導かれてくる，ということに，さっき気が付いてしまった．

N ● へえ，そうなのか．

S ● ふん，いつまでも他人事のように振る舞っていられると思わないことだな．まあともかく，この「原始関数を求める作用素」は，本来は「逆微分」とでも呼ぶべきだろうが，慣習的には「不定積分」と呼ぶ場合が多いし，これこそが「積分」だと思っている高校生も多いのではないか．

N ●「意味はわからないが計算はできる」というやつの典型だな．

S ●「こまかくわけて，かけてたしあわす」というイメージこそ重要，という

のはもちろん私もそう思うのだが，そのイメージに沿って厳密にやっていくのはそれなりに結構大変だ．だから，積分のイメージから存在が予測される「不定積分作用素」の「代数」を展開するというのも，それはそれで筋がいいのかもしれないとも思えてきた．悩んでいるうちに積分のことがよくわからなくなってきたよ．

N ● 積分の方でも君のことをよくわかっていないだろうから，お互い様だな．

S ● ほう，たしかにその通りだな．よし，では好きにやらせてもらおう．解析的な議論は後回しにするとして，まずは代数的な部分からだ．

5.2 積分のアイデア

N ● どういったものに対して積分を考えることができるかも調べずに，いきなり代数的な性質を扱うとは，随分と思い切ったことをするじゃないか．

S ● アイデアを忘れてしまわないうちに手を付けていかないとな．話している途中で世界が終わらないとも限らないから．それに，積分のどういった性質が代数的な議論でわかって，どういった部分が解析的な議論によらざるを得ないかを際立たせることができる．まあとにかく，何らかの都合の良い関数の集合[1] X で，そこに属する関数 f はどんなものでも原始関数 g，つまり $Dg = f$ となるような関数を持つようなものを考えよう．

N ● 多項式や指数関数に対しては原始関数を実際に求めることができるから，そういう関数の集合 X を考えても意味がない，という事態は起こらなそうだな．

S ● そうだ．あとで詳しく扱うが，X として連続関数の集合を考えて良い．さて前章で示した通り，ある関数 f の原始関数は，何か一つ存在すればそれ以外にも無数に存在する．しかしそれらの間の差は定数だった．つまり，関数 f の原始関数を一つ決定したければ，その定数部分を定めれば良いということだ．そこで，点 a において 0 となる原始関数を対応させる写像を考えて，これを S_a と書こう．

N ● つまり関数 $S_a f$ については，$D(S_a f) = f$ であり，$S_a f(a) = 0$ ということか．こういうものを求めるには，まず f の原始関数 g を何でも良いから一つ定めて，$g(t) - g(a)$ を考えれば良いな．たとえば $f(t) = t$ なら，

$g(t) = \frac{1}{2}t^2$ が f の原始関数の一つだから，$S_a f(t) = \frac{1}{2}t^2 - \frac{1}{2}a^2$ だ．

S● そういうことだ．$S_a f$ のことを **a を基点とする不定積分**と呼ぶ．S_a が線型作用素であること，つまり関数 f, g と実数 k に対して

$$S_a(f+g) = S_a f + S_a g$$
$$S_a(kf) = k S_a f$$

が成り立つことは，微分作用素が線型であることからすぐにわかる[2]．

さて，君が今指摘した通り，定義から $D(S_a f) = f$ なのだが，このことと前章で議論した微分の符合ともとの関数の増減との関係とを考え合わせれば

$f(t) \geqq 0$ の範囲で $S_a f(t)$ は単調に増加する

ことがわかる．ここから特に，非負性

区間 $[a, b]$ 上で $f(t) \geqq 0$ なら $S_a f(b) \geqq S_a f(a) = 0$

が成り立つ．「点 b での値を考える」という部分すらも作用素と考えて P_b とでも表せば[3]，$P_b S_a f \geqq 0$ と書くことができる．$P_b S_a f$ を **a から b への定積分**と呼ぶ（以後，断らない限り a, b は任意の実数とする）．関数を入力とし数を出力とするこの「定積分作用素」$P_b S_a$ を，ここからは思わせぶりに S_a^b とでも書くことにしよう．

N● ああ，高校のときグラフの下側の面積として習った「あの積分」の記号を面影にとどめているわけだな．

S● その通りだ．これもまた線型であり，かつ上に述べたような非負性もみたしている．実をいうと，この「線型性」と「非負性」（およびある種の「連続性」）をみたす作用素（数を出力とするので，通常は「汎関数」と呼ぶ）を考えることこそ，「積分のアイデア」の核心ということができる[4]のだが，ここではいったん先を急ごう．

N● 「あの積分」が持つはずのほかのさまざまな性質も導けるのか？

S● たとえば，S_a^b もまた線型作用素だから，非負性から単調性

区間 $[a, b]$ 上で $f(t) \geqq g(t)$ なら $S_a^b f \geqq S_a^b g$

が従う．さらに，区間 $[a, b]$ 上での f の最大値を M，最小値を m とすれば，この単調性から

$$m(b-a) \leqq S_a^b f \leqq M(b-a)$$

がわかる．ここから定積分の「平均値」$\frac{1}{b-a} S_a^b f$ が m 以上 M 以下であることが従うので，中間値の定理により，区間 $[a, b]$ 内の点 c で

$$f(c) = \frac{1}{b-a} S_a^b f$$

をみたすものが存在する．これを「積分の平均値の定理」と呼ぶ．

N● なるほど．曲がったグラフの下側の面積も，長方形に均して考えることができるということだな．あるいはまた，f が刻々変化する速度（瞬間の速度）を表す場合を考えると，右辺の積分は「平均の速度」となるから，「瞬間の速度が平均の速度と一致する瞬間は必ずある」という捉え方も可能だ．車で 1 時間かけて（テレポートなどせずに）50 km 走ったとすると，「ちょうど時速 50 km になる瞬間があった」といえるわけか．当たり前のようでもあるし，不可思議なようでもある．

S● さらに続けよう．定積分と不定積分との関係については

$$S_a^b = S_a - S_b$$

が成り立つことがわかる[5]から，

$$S_a^a = 0, \quad S_b^a = -S_a^b, \quad S_a^c + S_c^b = S_a^b$$

などもただちに出てくる．

N● いずれも「あの積分」を考えると自然だな．なるほど，作用素としての積分はたしかに「積分のアイデア」を形式化したものだといえそうだ．

5.3 微分積分学の基本定理

S● 次に $S_a(Df)$ が何なのかを調べよう．ただし f が可微分でなければ話にならないので，今後の面倒を避けるためにも f は望むだけ微分できるものとしておこう．

N● なんて都合の良い話なんだ．まあさしあたりは多項式や指数関数でも考えておけば良いか．とにかく，S_a の定義から DS_a が f を f に移す一方で，逆に作用させた場合にどうなるか，ということだな．$S_a(Df)$ の微分を考えると，$D(S_a(Df)) = Df$ となるから，今まで何度もやってきた論法から $S_a(Df)$ と f との差は定数だ．$S_a(Df)$ は点 a で 0 だけれど f は一般にそうとは限らないから $f(a)$ を引けば良い．つまり

$$(S_a Df)(t) = f(t) - f(a)$$

だ．

S● 先程と同じく「点 a での値を考える」評価作用素 P_a を使えば

$$S_a D = \mathrm{id} - P_a$$

と表せるな．$DS_a = \mathrm{id}$ と合わせて，これらの関係式を**微分積分学の基本定理**と呼ぶ．さて，$\mathrm{id} = P_a + S_a D$ と変形して，右辺の $S_a D$ の間にこの式自体を代入すれば

$$\begin{aligned}\mathrm{id} &= P_a + S_a D \\ &= P_a + S_a(P_a + S_a D)D \\ &= P_a + S_a P_a D + (S_a)^2 D^2\end{aligned}$$

となる．ここで今度は $(S_a)^2 D^2$ の間に，ということを繰り返していけば

$$\mathrm{id} = \sum_{j=0}^{n}(S_a)^j P_a D^j + (S_a)^{n+1}D^{n+1}$$

という変形が可能だ[6]．これをここではニュートン-ライプニッツ-西郷の恒等式と呼ぼう．

N● 厚かましいな．巨人たちと自らを並べるとはどういう了見だ．

S● たしかに，私が遠くを見られたとしたら，それは巨人たちの肩の上に乗ったからだな．この式はさっき思いついた．実に深い式だ．$(S_a)^j P_a D^j$ については，$P_a D^j f(t) = D^j f(a)$ だということを考えれば

$$(S_a)^j P_a D^j f = D^j f(a) (S_a)^j 1$$

と変形できる[7]．$(S_a)^j 1$ を順次計算すると $\frac{1}{j!}(t-a)^j$ であることがわかるから

$$f(t) = \sum_{j=0}^{n}\frac{D^j f(a)}{j!}(t-a)^j + (S_a)^{n+1}D^{n+1}f(t)$$

だ．

N● お，これは有名なテイラーの定理じゃないか．

S● 待ちたまえ．テイラーはこんなにきっちり述べていない．「剰余項」(右辺の一番最後の項)の一つの表現を与えたのは後年のラグランジュであったし，本質的には40年も前にグレゴリーが発見していたとか．ほら見たことか，定理に発見者の名前が公平につくわけではないのだ．名付けたのはオイラーらしい．

N● 持つべきものは，後代の偉大な理解者だな．

S● その通りだ．まあとにかく，ここまでの話を振り返って考えると，なにも「微分積分学」でなくとも，同様な公式(「展開公式」)を考えることができることに気が付くだろう．微分積分学の基本定理と同様な代数的関

係式があれば，そこからこういった公式を導き出せる．たとえば，「微分・積分」を「差分・和分」に置き換えたり，もっと一般な文脈で考えたら何が出てくるだろうか？ 面白い問題なので，読者にゆだねよう[8]．

5.4 近似計算：指数関数を例として

N ● 話をもとに戻そう．上の公式は，要するに点 a の周りでの $f(t)$ の変動を多項式で近似しようとしているのだな．

S ● そうだ．そこで，t は点 a を中心とした区間 $[a-\delta, a+\delta]$ を動くものとして，近似からのずれを表す「剰余項」

$$R_n(t) = (S_a)^{n+1} D^{n+1} f(t)$$

が実際に小さいものかどうかを評価しよう．$[a-\delta, a+\delta]$ 上での $D^{n+1}f(t)$ の最大値を M_{n+1}，最小値を m_{n+1} とすると，$c \in [a, a+\delta]$ に対しては単調性から

$$m_{n+1} \frac{(c-a)^{n+1}}{(n+1)!} \leq R_n(c) \leq M_{n+1} \frac{(c-a)^{n+1}}{(n+1)!}$$

が成り立つ．今までの話は基本的には $a \leq t$ に対しての話だったので，$c \in [a-\delta, a]$ の場合の評価はそのままでは適用できないけれど，一番初めのもとの関数の符合と原始関数の増減との関係に立ち戻れば

$$m_{n+1} \frac{(c-a)^{n+1}}{(n+1)!} \leq (-1)^n R_n(c) \leq M_{n+1} \frac{(c-a)^{n+1}}{(n+1)!}$$

であることがわかる．よって剰余項の絶対値は，$c \in [a-\delta, a+\delta]$ に対して

$$|R_n(c)| \leq M_{n+1} \frac{|c-a|^{n+1}}{(n+1)!} \qquad \text{(res. 1)}$$

と評価できる．

N ● M_{n+1} は微分した後の関数の変動の程度によるけれど，基本的には $c-a$ が小さければ，つまり点 a の近くの点に対しては誤差は小さくなっていくようだな．

S ● それに n を大きくしていったとき，M_{n+1} の挙動が大人しければ，この剰余項がいくらでも小さくなることがわかる．つまり点 a のそばでの値が望む精度で得られるというわけだ．各点 a についてこういったことが成

り立つような関数を**解析関数**と呼ぶ．多項式や指数関数をはじめ，数多くの「自然」とされる関数たちが解析関数の例だ．感じをつかむため，指数関数を例にとって具体的な計算を続けてみよう．

N ● 指数関数は何度微分しても形が変わらず，$D^j \exp = \exp$ だから

$$\exp(t) = \exp(a) \sum_{j=0}^{n} \frac{1}{j!}(t-a)^j + (S_a)^{n+1}\exp(t)$$

と展開できる．指数関数の場合は不定積分を求めることで剰余項を計算できるけれど，先程得た評価を使って，$c \in [a-\delta, a+\delta]$ に対して

$$|(S_a)^{n+1}\exp(c)| \leq \exp(a+\delta)\frac{|c-a|^{n+1}}{(n+1)!}$$

だと述べるに留めておこう[9]．面倒だし．

S ● まあもう少し頑張りたまえよ．両辺を $\exp(a)$ で割ると

$$\exp(t-a) = \sum_{j=0}^{n}\frac{1}{j!}(t-a)^j + (S_a)^{n+1}\exp(t-a)$$

とできて，指数関数の展開では点 a からのずれ $t-a$ だけが本質的なのだとわかる．もちろんこのこと自体は

$$\exp(t) = \exp(a)\exp(t-a)$$

からわかることだけれど．というわけで，特に原点周りでの展開，つまり $a=0$ の場合がわかれば充分で，それは

$$\exp(t) = 1 + t + \frac{1}{2!}t^2 + \cdots + \frac{1}{n!}t^n + (S_a)^{n+1}\exp(t)$$

という美しい形をしている．剰余項については，$c \in [-\delta, \delta]$ に対して

$$|(S_a)^{n+1}\exp(c)| \leq \exp(\delta)\frac{|c|^{n+1}}{(n+1)!} \tag{res.2}$$

と評価できる．n 次の近似多項式を $\exp_n$ で表すことにすれば，特に点 δ において剰余項の評価は

$$|\exp(\delta) - \exp_n(\delta)| \leq \exp(\delta)\frac{\delta^{n+1}}{(n+1)!}$$

と表せ，ここから

$$\left|1 - \frac{\exp_n(\delta)}{\exp(\delta)}\right| \leq \frac{\delta^{n+1}}{(n+1)!} \tag{eval}$$

と，近似の精度についての評価が得られる．たとえば $\exp(0.1)$ の値をこの多項式によって2次まで求めると

$$\exp_2(0.1) = 1 + 0.1 + \frac{1}{2!}0.1^2 = 1.105$$

となる．近似の精度は

$$\left|1 - \frac{\exp_2(0.1)}{\exp(0.1)}\right| \leq \frac{0.1^3}{3!} = \frac{1}{6000}$$

で，真の値 $\exp(0.1)$ からのずれが $\frac{1}{6000}$ 以下であることがわかる．実際にずれを計算機で求めると 0.000155 でこの結果と整合的だ．

N ● つまり，計算機は数学と整合的なのだな．それは良かった．

5.5 各点収束から一様収束へ

S ● ところで(res. 2)を見直してみよう．右辺は $n \to \infty$ の極限で 0 に収束するから，剰余項 $R_n(c)$ もまた 0 に収束しなければならない．これは，点 c における値について $\exp_n(c) \to \exp(c)$ であることを意味しており，関数の出力からなる数列 $\{\exp_n(c)\}$ の収束を考えているといえる．このように，点 c を定めるごとに関数列 $\{f_n\}$ から定まる数列 $\{f_n(c)\}$ が，ある関数 f の点 c における値 $f(c)$ に収束するとき，$\{f_n\}$ は f に**各点収束**するという．だがしかし，(res. 2)ではもっと強い評価が可能だ．というのも，$|c| \leq \delta$ だからで，(res. 2)は

$$|(S_a)^{n+1}\exp(c)| \leq \exp(\delta)\frac{\delta^{n+1}}{(n+1)!} \tag{res. 3}$$

と，c によらない形に書きかえることができる．

N ● はあ，それがどうかしたのか．

S ● ただ空気を吐き出すだけでなく，もう少し考えてからしゃべりたまえ．c を定めるごとにしか論じられなかった収束が，こういった評価が可能な場合には各点を見る必要はないということだ．実際(res. 3)からは，区間 $[-\delta, \delta]$ 上で $\exp_n$ と $\exp$ との差が「一様に」抑えられているということが読み取れる．こういった収束を**一様収束**と呼ぶ．

N ● 各点収束では関数の値がなす列を追っていたが，一様収束では関数全体の動きを追っているというイメージだな．

S ● そういうことだ．数列の収束では「収束先との差が 0 に近付いていく」ということを定式化していたが，関数列の収束でもこの「差」の大きさ

を定義してやることで概念が明確になる．今の場合，$\exp_n$ と $\exp$ との「差」を

$$\|\exp_n - \exp\| := \sup_{t \in [-\delta, \delta]} |\exp_n(t) - \exp(t)|$$

で定めよう[10]．一様収束とは，この「差」に基づいた考え方だ．(res. 2) では右辺が点 c によっているので「差」について直接いえることはないけれど，(res. 3) なら

$$\|\exp_n - \exp\| \leq \exp(\delta) \frac{\delta^{n+1}}{(n+1)!} \xrightarrow[n \to \infty]{} 0$$

と評価できるというわけだ．

N● なるほど．便利そうだな．

S● 便利どころか，たとえば連続関数たちについて考える上では必要不可欠なものといっても良いだろう．たとえば区間 $[0,1]$ 上の関数列 $f_n(t) = t^n$ を考えよう．各 f_n はもちろん連続だが，$n \to \infty$ での挙動は

$$\lim_{n \to \infty} f_n(t) = \begin{cases} 0 & 0 \leq t < 1 \\ 1 & t = 1 \end{cases}$$

となっていて，$\{f_n\}$ の各点収束先は最早連続関数ではなくなっている．

N● たしかに．各点収束先を f とすると，$f_n - f$ は $[0, 1)$ 上では t^n，$t = 1$ では 0 だから，f_n と f との「差」$\|f_n - f\|$ は n によらず常に 1 だな．つまり，f は $\{f_n\}$ の各点収束先ではあるけれど，一様収束先ではない．

S● そうだ．今度は，連続関数列 f_n が f に一様収束しているような場合を考えよう．このときは f は連続関数といえる．というのも x が x_0 に充分近いとき，不等式

$$|f(x) - f(x_0)| \leq |f(x) - f_n(x)| + |f_n(x) - f_n(x_0)|$$
$$+ |f_n(x_0) - f(x_0)|$$

において，右辺のそれぞれの項が充分小さくなり，$f(x)$ が $f(x_0)$ に充分近くなるからだ．

N● 第二項は f_n の連続性，第一項，第三項は f が一様収束先であることから出るな．

S● 重要な点は，一様収束の場合には近付き方について点の位置によらない評価が可能ということだ．第一項と第三項とでは場所は異なっているけれど，まさにこの性質により「近さ」を「一様に」評価できるわけだ．

N ● なるほど．だいたいわかった．ところで，この指数関数の話の場合，区間 $[-\delta, \delta]$ に限って考えていたが，実数全体だとだめなのか？

S ● 実数全体で考えると，一様収束にはなっていない（なぜか考えてみよ）．しかし，任意の区間 $[a, b]$ において一様収束している[11]．こういうのを**広義一様収束**と呼び[12]，解析関数たちや連続関数たちの集まり（「関数空間」）を考えるうえで根本的に重要だ．さて，いよいよ，一様収束の概念が積分にどうかかわっているかという話に移ろう．

N ● いやいや，もう充分だろう．働きすぎだ．働きすぎると死ぬぞ．

S ● 働かなくても死ぬな．まあともかく疲れた．やっぱり「若き数学者」ではなくなってきたかな．

N ● 嘆く必要はないさ．若さなどは所詮「ワインのない酔い」[13]にすぎない．

S ● ではここにあるフリウーリ産の素晴らしい白ワインの力でも借りて，次章までに若さを取り戻しておくことにしよう．

N ● 実に美しい琥珀色だ．まさに「酒は憂いの玉箒（たまははき）」[14]だな．乾杯！

5.6 演習

(1) 評価式（eval）を用いて，好きな点における指数関数の値を，望む精度で近似せよ．

(2) 本文中で述べた通り，数列に対する差分，和分に基づいた展開定理を導け．

註

1) 通常，このような集合に，その要素である関数どうしの「近さ」の構造を加味する．このとき，この関数たちの集合を「関数空間」と呼ぶならわしである．
2) たとえば一つ目の式については，各辺の微分を考えるとどちらも $f+g$ になることから，左辺と右辺との差は定数とわかるが，どちらも点 a において 0 となるので，結局両者は等しい．
3) つまり $P_b f = f(b)$ である．
4) 「ダニエル積分」という．
5) $S_a f, S_b f$ はともに f の原始関数なので，差は定数となる．点 b における差を考えれば，$S_b f(b) = 0$ だから，差は $S_a f(b)$ であることがわかる．
6) 文脈から明らかと思うが，$(S_a)^j, D^j$ はそれぞれ不定積分および微分を j 回繰り返すことを意味する．定積分の記号と区別するため，不定積分のほうにはかっこをつけた．
7) $D^j f(a)$ は定数なので，積分作用素の外に出せる．
8) 読者のなかから偉大な数学者が出て，この定理をグレゴリ−テイラー−ラグランジュ−西郷−能美の定理とでも呼んでくれれば，本書を執筆したかいがあるというものだ．
9) 一般には，(res. 1) の通り M_{n+1} は微分した回数 n によるが，指数関数の場合は n によらないことに注意．
10) sup は「上限」すなわち「最小上界」を意味し，今の場合最大値と一致する．最小上界は最大値の概念を緩

めたもので,「それらすべて以上のもののうちで最小の値」を意味する.
11) それどころかより一般に任意の「コンパクト」集合上においても一様収束している.
12) 「コンパクト一様収束」あるいは単に「コンパクト収束」ともいう.
13) ゲーテ『西東詩集(West-östlicher Divan)』より,原文からの拙訳.
14) 蘇軾「洞庭春色」の一節から来る慣用句だが,ゲーテ『西東詩集』にも同様な表現がある.

第6章
積分する準備はできていた

6.1 方正関数の積分

S ● さあ，本書ではいよいよ積分を定義しよう．

N ● え，本当にやるのか？　うまいビールがあるというからわざわざ長浜まで来た[1]というのに，なぜそんな面倒な話をしなければならないんだ．

S ● 前章は積分の作用素としての取り扱いについてしか触れていなかったんだし，当たり前じゃないか．

N ● そうはいっても，君，よく考えてもみろよ．一か月も前のことだよ？　何をやって何をやっていなかったかなんて誰も覚えてはいないだろうから，無視してしまっても気付かれないんじゃないか．現に僕は忘れていたぞ．

S ● なんてことを言うんだ．今まで君から聞いた中で，最も創造的な主張じゃないか．あまり魅力的な提案で私の高潔な心を揺さぶらないでくれ．とにかく，目標は「連続関数が原始関数を持つ」ことを示すことだ．方針としては，対象とする連続関数に一様収束するような階段関数をとり，それぞれの原始関数を考えてそれらの収束先をもとの連続関数の原始関数と定めることになる．

N ● ややこしいな．もっと段階を分割してもらわないと．まずは「階段関数の原始関数」か？

S ● そうだな．「階段関数」とは，定義域を適当な有限個の区間に分割すれば，それぞれの上では定数となるような関数だった．一般には不連続な関数だが，今までの原始関数の定義では，こういった関数についての原始関数を考えることができない．

N ● 可微分な関数の微分は連続だからな[2]．

S ● というわけで，区間 I 上の関数 f に対して，I 上の連続関数で，可算個の点を除いて可微分で $Dg = f$ となるような関数 g を f の**広義の原始関**

数と呼ぶことにしようじゃないか[3]．

N● どうにも安直で行き当たりばったりで何も考えていないような印象を受けるな．まあどうでも良いが．前章までの議論を思い起こせば「微分して0になるものは定数に限る」ことが積分の基礎になっていたが，「広義の」場合について調べるためには基となった有限増分の定理を拡張しなければならないな．

S● ちょうどここに偉大なヨストの偉大な『ポストモダン解析学』があるから大いに参考にしよう[4]．主張は

定理

関数 f は，区間 $I = [a, b]$ 上連続で，可算部分集合 D を除いた部分 $I \setminus D$ で可微分であるとし，その微分の絶対値がある定数 M によって
$$|Df(x)| \leq M, \quad x \in I \setminus D$$
と抑えられているとする．このとき
$$|f(b) - f(a)| \leq M(b-a)$$
が成り立つ．

ということだ．第4章の内容を真似て，まず $\varepsilon > 0$ を任意に選んでおこう．点 x が $I \setminus D$ に属していれば，同じ議論が適用できて，$\delta > 0$ で，$y \in [x, x+\delta]$ に対し
$$|f(y) - f(x)| \leq (M+\varepsilon)(y-x)$$
が成り立つようなものが存在する．一方 $x \in D$ の場合には，微分を定義できないので f の連続性を用いよう．D を $\{d_1, d_2, \cdots\}$ と番号付けしておいて，$x = d_n$ だとする．このとき $\delta > 0$ で，$y \in [x, x+\delta]$ に対し
$$|f(y) - f(x)| \leq \frac{1}{2^n}\varepsilon$$
が成り立つようなものが存在する[5]．二つの場合を合わせれば
$$|f(x) - f(a)| \leq (M+\varepsilon)(x-a) + \varepsilon \sum_{d_n < x} \frac{1}{2^n}$$
という条件が，x を a から b に向けて動かすときにどこまで成り立つかを考えれば良さそうだ．

N ● 今示されたことによれば，x が D に属しているかどうかに関係なく，必ずそれより少し大きな数に対して条件が成り立つということだから，「b まで成り立つ」ということになるな[6]．つまり

$$|f(b)-f(a)| \leq (M+\varepsilon)(b-a)+\varepsilon \sum_{d_n<b} \frac{1}{2^n}$$
$$\leq (M+\varepsilon)(b-a)+\varepsilon$$

で，ε は任意に固定したものだったから，主張は正しい．このことから，通常の原始関数についてと同じく

系

ある関数の広義の原始関数は，存在すれば定数の違いを除いて一意に定まる．

ことがいえる．

S ● そういうことになるな．階段関数の広義の原始関数については，関数が定数となるように定義域を区切って，それぞれの上で原始関数をつないでいけば良い．具体的には，f を区間 $I=[a,b]$ 上の原始関数とし，

$a = t_0 < t_1 < \cdots < t_N = b$,
$f(t) = s_n, \quad t \in [t_n, t_{n+1})$

と表されるとする．このとき g を

$$g(t) = s_n(t-t_n) + \sum_{j=0}^{n-1} s_j(t_{j+1}-t_j),$$
$t \in [t_n, t_{n+1})$

で定めれば，各 n に対して

$Dg(t) = s_n = f(t), \quad t \in (t_n, t_{n+1})$

なので，有限個の点 $\{c_0, \cdots, c_N\}$ を除いて $Dg = f$ であり，g は f の広義の原始関数だ．特に，定め方から $g(a) = 0$ だから，これを a を基点とする広義の原始関数と呼ぶことにしよう．これで階段関数に対する広義の原始関数が定められたわけだ．次の段階は連続関数の階段関数による一様近似だな．

N ● そんなものは描けばわかるだろう．次だ次．
S ● 無茶苦茶な奴だな．もっとちゃんとしてくれ．

N● 細かいなあ．君こそもっと大らかになるべきだ．まあ，基本的な考え方は，誤差として許容できる値を指定するごとに，階段関数を具体的に作ることができるということだ．与えられた連続関数 f に対して，誤差が $\frac{1}{n}$ を超えないような階段関数 f_n を作ることができて，こうして構成された関数列 $\{f_n\}$ は f に一様収束する．

S● そんなところだな．第4章で定義したように，階段関数の一様収束極限として表される関数のことを**方正関数**と呼ぶ．この用語を用いれば，主張は

定理

区間 $I = [a, b]$ 上の連続関数は方正関数である．

といえる．後は，その構成方法がわかれば良いわけだ．

N● だから，さっきから「描けばわかる」と言っているじゃないか．f が有界閉区間上の連続関数だから一様連続で，任意の n に対して $\delta > 0$ で

$$|x-y| < \delta \implies |f(x) - f(y)| < \frac{1}{n}$$

となるものがとれる．次に第4章後註6)と同じく，区間 I を幅 δ 以下の小区間に分割する：

$I = [t_0, t_1] \sqcup [t_1, t_2] \sqcup \cdots \sqcup [t_N, t_{N+1}]$,

$t_0 = a$, $\quad t_{N+1} = b$, $\quad t_{j+1} - t_j < \delta$

要は，関数の変動が $\frac{1}{n}$ より小さくなるように区間を区切っているわけだ．後は階段関数 f_n を

$f_n(t) = f(t_j), \quad t \in [t_j, t_{j+1})$

$f_n(b) = f(b)$

と，各区間の左端における f の値を用いて定めれば，f_n は $\|f - f_n\| < \frac{1}{n}$ をみたす階段関数だから，$\{f_n\}$ は f に一様収束する．

S● よし，後は，与えられた方正関数に対して，階段関数による一様近似列をとったときに，各階段関数の原始関数[7]がある関数に一様収束すること，そしてこれがもとの方正関数の広義の原始関数であることが言えれば良い．

N● つまり，原始関数を求めることと一様収束とは交換可能な操作だという

ことだな．区間 $I = [a,b]$ 上の方正関数 f に対して，階段関数による一様近似列 $\{f_n\}$ をとる．各 f_n に対して，a を基点とする広義の原始関数を g_n とする．また，微分が定義できない点の集合を D_n としておこう：

$$Dg_n(t) = f_n(t), \quad t \in I \setminus D_n$$
$$g_n(a) = 0$$

$\{f_n\}$ は一様収束するから，任意の $\varepsilon > 0$ に対して $N \in \mathbb{N}$ で

$$n, m \geqq N \Longrightarrow \|f_n - f_m\| < \varepsilon$$

となるものが存在する．$n, m \geqq N$ とし，関数 $g_n - g_m$ を考えれば，拡張された有限増分の定理から

$$|(g_n(t) - g_m(t)) - (g_n(a) - g_m(a))| \leqq \varepsilon(t-a)$$

がいえる．g_n, g_m は a を基点とする原始関数だったから $g_n(a) = g_m(a) = 0$ で，

$$|g_n(t) - g_m(t)| \leqq \varepsilon(t-a) \leqq \varepsilon(b-a)$$

がわかる．t を固定するごとに得られる数列 $\{g_n(t)\}$ が実数のコーシー列ということだから，何らかの値に収束する．この対応を g としよう．つまり

$$g(t) = \lim_{n \to \infty} g_n(t)$$

と定める．先程の不等式から

$$|g_n(t) - g(t)| \leqq \varepsilon(b-a)$$

だから，この収束は一様で，よって，第5章で述べた通り，g は連続関数だ．

S● あとは g の微分可能性についてだな．$s, t \in I$ に対して，拡張された有限増分の定理から

$$|(g_n - g_m)(t) - (g_n - g_m)(s)| \leqq \varepsilon |t - s|$$

が成り立つので，$m \to \infty$ の極限を考えれば

$$|(g_n - g)(t) - (g_n - g)(s)| \leqq \varepsilon |t - s|$$

だ．また，$t, s \in I \setminus D_n$ に対して，微分の定義から

$$g_n(t) - g_n(s) - f_n(t)(t-s) = (\mathcal{D}g_n(t,s) - f_n(t))(t-s)$$

が成り立つ．$\mathcal{D}g_n$ は一様連続だから，$\delta > 0$ で

$$|t - s| < \delta \Longrightarrow |\mathcal{D}g_n(t,s) - f_n(t)| < \varepsilon$$

というものがとれる．したがって

$$|g_n(t)-g_n(s)-f_n(t)(t-s)|<\varepsilon|t-s|$$

だ．最後に，$n \geq N$ に対しては $\|f_n-f\|<\varepsilon$ だから，$|t-s|<\delta$ であるすべての $t,s \in I\setminus D_n$ について

$$|g(t)-g(s)-f(t)(t-s)|\leq 3\varepsilon|t-s|$$

がいえる．よって，$t \in I \setminus \bigcup_n D_n$ に対して[8] Dg が存在して $Dg=f$ となるから，g は f の広義の原始関数だ．これで

定理

区間 $I=[a,b]$ 上の方正関数は広義の原始関数を持つ．

ことがわかった．区間 I 上の連続関数 f については，これが方正関数であることから広義の原始関数 g を持つが，可算個の点を除いて $Dg=f$ なのだから，連続性から (a,b) 上のすべての点で $Dg=f$ となること，つまり g が(狭義の)原始関数であることが期待できるが，実際これは正しく[9]

定理

区間 $I=[a,b]$ 上の連続関数は(狭義の)原始関数を持つ．

第 5 章では正体不明ということで，a を基点とする(狭義の)原始関数を $S_a f(t)$ と書いていたが，ここからは広義の場合も含めて $\int_a^t f(s)ds$ と書くことにしよう[10]．区間 $[a,b]$ 上の定積分は $\int_a^b f(s)ds$ で，その定義は

$$\int_a^b f(s)ds = \int_a^t f(s)ds - \int_b^t f(s)ds$$

だ．

N ● すでに示した線型性や単調性，平均値の定理なども成り立つだろうな．
S ● それに，方正関数に連続関数をかけたものは方正関数である[11]ことを用いれば有用な公式が得られる．一つ目は部分積分の公式で，積の微分公式，微分積分学の基本定理からすぐにわかる(演習問題とする)．

定理

区間 $I=[a,b]$ 上の方正関数の広義の原始関数 f,g に対して，

$Df \cdot g$ および $f \cdot Dg$ は方正関数であり
$$\int_a^b f(t)Dg(t)dt = f(b)g(b) - f(a)g(a) - \int_a^b Df(t)g(t)dt$$
が成り立つ．

二つ目は置換積分の公式で，こちらは合成関数の微分を使う(この証明も演習問題とする)．

定理

f を区間 $I = [a,b]$ 上の方正関数の広義の原始関数とし，g を $f(I)$ を含む区間から実数への連続関数とする．このとき
$$\int_a^b g(f(t))Df(t)dt = \int_{f(a)}^{f(b)} g(s)ds$$
が成り立つ．

置換積分の公式は，積分変数を dt, ds などと明示する記法の有利さを表しているが，これについては後で微分方程式について詳しく触れる際に説明しよう．覚えていれば．

N ● ああ，忘れるのは任せてくれ．

6.2 関数解析事始め

S ● さて，閉区間上の連続関数が(狭義の)原始関数を持つことがわかったわけだが，そもそも可微分な関数の微分は連続だとしていたのだから，逆も成り立ち，閉区間上の関数が(狭義の)原始関数を持つことと連続関数であることとが同値だとわかる．

N ● なるほど．連続関数全体というのはまとまりの良い集合のようだな．

S ● 通常，今まで用いていたように
$$\|f\| = \sup_{t \in I} |f(t)|$$
によって定まる $\|\cdot\|$ と合わせて，「連続関数の空間」と呼んでいる．この $\|\cdot\|$ は**一様ノルム**と呼ばれる．ノルムというのは簡単にいえば「絶対値」をベクトル空間[12]まで一般化した概念だ[13]．ベクトル空間とノルム

との組を**ノルム空間**と呼ぶ．「絶対値」を「ノルム」におきかえるだけで，一般のノルム空間における「コーシー列」の概念も自然に定義される．数の世界の例を振り返ってみると，有理数列がコーシー列であっても収束先が有理数とは限らなかった．一方，実数のコーシー列の収束先は実数だった．よって，実数全体の世界においては「任意のコーシー列が収束する」．この「任意のコーシー列が収束する」という重要な性質を**完備性**と呼び，完備なノルム空間のことを**バナッハ空間**と呼ぶ．

N ● Komm, du süße Todesstunde のことか？

S ● なんだって？ いや，わかった，何も言うな．実にくだらない．こんなくだらないことを言って恥ずかしくないのか，君は．

N ● 条件反射だ，仕方ないだろう．文句はパブロフ博士に言ってくれ．

S ● 相変わらず無茶苦茶なことを言うなあ．いや，そんな話をしている場合ではない．今例示したように，実数全体と絶対値との組はバナッハ空間だ．またユークリッド空間と通常の距離との組もまたバナッハ空間の一例だ．より高等な例としては，すでに君が示した通り，閉区間上の連続関数全体と $\|\cdot\|$（一様ノルム）との組もバナッハ空間となる．

N ● ほう，無意識のうちにこんな高等なことを示していたとは，僕はなんと偉大なのか．

S ● そう信じることで君が幸せなら好きにすると良い．何と言っても，現行の日本国憲法においては思想・良心の自由は「侵してはならない」とあるし，我々は幸福追求権を有しているのだから．まあ，君のどうでも良い思想は私にはどうでも良いが，バナッハ空間というのは，微積分の土俵としてきわめて適切だ．たとえば，我々の可微分の定義は，ここでちゃんとできている．バナッハ空間での微分は，物理のいわゆる「変分法」の基礎ともなっている．

N ● 収束という概念を自由に扱える空間だと理解すれば，これが微積分学の土壌となるのも自然な流れだな．

6.3 三度，指数関数ってなんだ？

S ● さて，今回述べてきたような事柄を用いると，「指数関数ってなんだ？」という問いに対する三度目の答え方を提示することができる．鍵となる

のは，次の定理（ここでは「微分と一様収束の可換性」とでも呼ぼう）だ：

定理

区間 $I = [a, b]$ 上の可微分な関数の列 $\{f_n\}$ が

1. $\{f_n(t)\}$ が収束するような $t \in I$ が存在し，
2. $\{Df_n\}$ は一様収束する

をみたすとき，$\{f_n\}$ は可微分な関数 f に一様収束し，
$$Df(t) = \lim_{n \to \infty} Df_n(t)$$
が成り立つ．

証明は，方正関数が原始関数をもつことの証明を参考にすればできる（だから演習問題とする）．また，この定理を利用すると，k 回可微分な関数の空間もバナッハ空間であることがわかる．しかしここでは，指数関数 exp の新しい定義に活用することで満足しよう．

N ● 前章の内容を踏まえて，多項式 p_n を
$$p_n(t) = \sum_{j=0}^{n} \frac{1}{j!} x^j$$
とし，この「極限」として定義すれば良さそうだな．$n > m$ について $p_n - p_m$ を考えると，$I = [a, b]$ 上では，$M = \max\{|a|, |b|\}$ とすれば
$$\|p_n - p_m\| \le \sum_{j=m+1}^{n} \frac{M^j}{j!}$$
と評価できる．自然数 N を $N > M$ となるようにとり，$r = \dfrac{M}{N}$ とおけば $r < 1$ で，$j > N$ に対して
$$\frac{M^j}{j!} = \frac{M}{j} \frac{M}{j-1} \cdots \frac{M}{N+1} \frac{M^N}{N!} < r^{j-N} \frac{M^N}{N!}$$
が成り立つ．このことから，$n, m > N$ について
$$\|p_n - p_m\| \le \frac{M^N}{N!} \sum_{j=m+1}^{n} r^{j-N}$$
がいえる．右辺の和は，n, m を大きくとればいくらでも小さくできる[14]．よって $\{p_n\}$ はコーシー列だから，閉区間上の連続関数の空間が一様ノ

ルムに関してバナッハ空間であることより，$\{p_n\}$ はある連続関数 p に一様収束する．また定義から $Dp_n = p_{n-1}$ だから，$\{Dp_n\}$ もまた p に一様収束する．よってこの p は可微分で

$$Dp = \lim_{n \to \infty} Dp_n = \lim_{n \to \infty} p_{n-1} = p$$

が成り立つわけだ．第4章では，微分して形の変わらない関数は exp の定数倍であることを示したけれど，$p_n(0) = 1$ だから $p(0) = 1 = \exp(0)$ で，つまり p は exp そのものだとわかる．

S ● そう．だから，exp を

$$\exp(t) = \sum_{j=0}^{\infty} \frac{1}{j!} x^j$$

で定義しても良いということだ[15]．ところで，この方向に考えを押し進めていくと，なにか「代数」ができて，「一様的な近似」ができるような世界では，指数関数が定義できそうだ，とわかるだろう．このような「世界」の一つの定式化が，「バナッハ環」と呼ばれる世界なのであるが，まずはその第一歩である「複素数」の世界へと，次章は踏み込むことにしよう．

N ● おや，珍しくすっきりと終わったな．

S ● さっさと終えないと飲みに行けなくなるからな．

N ● なんと，本章は脇道に逸れることがあまりないなあと思っていたら，そういう魂胆だったのか．

S ● 脇道もなにも，毎回アルコールにちなんだ話をするための導入としてさまざまな話題があるのだから，どんな話題も本論であり脇道だ．何の問題もない．

N ● 数学に王道はなく，したがって，なにもかもが王道なのと同じだな．本章では，せっかく長浜浪漫ビールに来ていることだし，ビールか．となると，「ワインの中には真実があり，ビールの中には幸福がある」(In Vino Veritas, In Cervesio Felicitas) あたりかな．

S ● 良いじゃないか．先程も触れたように，きみは「幸福追求権」を有している．しかしまた，「権利の上に眠るものは，これを保護せず」だ．自らの権利を行使し守り抜くために，とりあえず名物「長浜エール」で乾杯だ！

6.4 演習

(1) 部分積分，置換積分の公式を証明せよ．
(2) 第6.3節での指数関数の新しい定義において鍵となった定理(「微分と一様収束の可換性」)を証明せよ．

註

1) 著者の一人，西郷が勤務する長浜バイオ大学の近くには，「長浜浪漫ビール」というすばらしい地ビールレストランがある．
2) 本書における「可微分」の定義は通常と異なる．第3章を参照．
3) ある一つの階段関数を対象とするだけなら「有限個の点を除いて」で良いが，階段関数の列を扱うために「可算個の点を除いて」としている．
4) ユルゲン・ヨスト著『ポストモダン解析学　原著第3版』(小谷元子訳，丸善出版，2012)．著者らは学生時代この書(第二版の翻訳だったが)に何度も助けられた．なお，本書では「許容関数」と呼ばれているものが，本章でいう「方正関数」である．「方正関数」の語はブルバキ『数学原論』の邦訳に従った．また，『ポストモダン解析学』ではここでいう「広義の原始関数」のことを単に「原始関数」と呼んでいる．
5) 重み $\frac{1}{2^n}$ の意味についてはすぐにわかる．
6) 条件がみたされるような x 全体を A とする．$a \in A$ だから $\sup A$ は有限値で，これを c とおく．$c < b$ であれば，前述の議論から c より「少し大きな数」で条件をみたすものが存在することになり，c が A の最小上界であることに矛盾する．
7) 基点は共通のものを用いる．
8) ε を定めるごとに N は変化するが，$\bigcup_n D_n$ を除いておけば問題ない．
9) これを示すには，$t \in I$ を任意に固定して，微小な h に対する $|g(t+h)-g(t)-f(t)h|$ の振る舞いを調べれば良いだろう．u の関数
$$\varphi(u) = g(t+u)-g(t)-f(t)u$$
を微分すると，可算個の点を除いて
$$D\varphi(u) = f(t+u)-f(t)$$
となるから，拡張された有限増分の定理により，すべての $t \in I$ で
$$|g(t+h)-g(t)-f(t)h| \leq |h| \sup_{u \leq |h|} |f(t+u)-f(t)|$$
が成り立つ．f の一様連続性から，任意の $\varepsilon > 0$ に対して $\delta > 0$ で
$$|u| < \delta \Longrightarrow |f(t+u)-f(t)| < \varepsilon$$
なるものがとれるから，$|h| < \delta$ なら，すべての $t \in I$ で
$$|g(t+h)-g(t)-f(t)h| \leq \varepsilon |h|$$
が成り立つ．
10) すなわち，可算個の点においては原始関数が微分可能でなかったり，微分がもとの関数に一致しなかったりする場合があり得る．
11) 方正関数に一様収束する階段関数列をとり，「連続関数は方正関数である」ことを示したときと同じく，考えている区間を微小区間に分割した後，連続関数の左端の点での値を代表させて階段関数にかければ，求める階段関数列が得られる．
12) 実数や n 次元のユークリッド空間，あるいは連続関数の全体のように，和やスカラー倍の概念が定められている集合のこと．線形空間ともいう．
13) 一般に，体 K (実数体 $\mathbb{R}$ や複素数体 $\mathbb{C}$ など) 上のベクトル空間 V から負でない実数への関数 $\|\cdot\|$ が次の3条件

  1. $v \in V$ に対して，$\|v\| = 0$ となるのは $v = 0$ のとき，またそのときに限る．
  2. $\alpha \in K$, $v \in V$ に対して，$\|\alpha v\| = |\alpha| \|v\|$ が成り立つ．
  3. $v, w \in V$ に対して，$\|v+w\| \leq \|v\| + \|w\|$ が成り立つ．

  をみたすとき，これをノルムと呼ぶ．
14) いわゆる「等比数列の和の公式」を考えれば良い．

15) もちろんこの「無限和」は「n 項までの和」の $n \to \infty$ での極限という意味である.

第7章
i について語るときに我々の語ること

7.1 -1 は i の2乗

S ● 長浜エール[1]を堪能しすぎて記憶が定かではないのだが，前章の終わりのほうで，指数関数をより一般の文脈で定義できるという話をした気がする．その「より一般の文脈」につながる第一歩として，まずは虚数 i について語ることにしようか．$x^2 = -1$ の根[2]（の一つ）であるあの虚数 i について．

N ● 面倒だなあ．そんな話はよしてもう飲みに行こうじゃないか．いい酒の飲める蕎麦屋があるというから京都に来たのに．そもそも「-1 は i の2乗」だということ以上に，何か言うべきことがあるのか．

S ● 大学で講義をしていて思うのは，i とは何かという直観がまったくない学生がほとんどだということだ．

N ● それは学生に限ったことではないだろう．それに，そもそも数とは何か，ということ自体考え込んでみるとわからなくなってくる．

S ● めずらしく冴えたことを言うではないか．もちろん早く飲みにいかなくてはならないのだから，哲学的な問題に踏み込むつもりはない．ただ，数を「はたらき」として見ることの重要性だけは強調しておきたい．

N ● つまり，たとえば数 1.7 を，「1.7 倍する」という関数（作用素）と見るということだな．

S ● その通りだ．この見方でいえば，数の積は「合成」にほかならない．たとえば，「$2 \times 3 = 6$」というのは，「2 倍する」と「3 倍する」の合成は「6 倍する」ことに等しい，と言っているわけだ．このように数を「はたらき」として見ておくと -1 や虚数の直観にも自然につながる．

N ● -1 は，大きさは変えないまま量の「向き」を反転させる働きと見れば良いだろうが，虚数 i についてはどうなんだ？

S ● 量の「向き」を反転させるというのは，言い換えれば「180 度回転」に当

たるわけだろう？ そうすると,「-1 は i の 2 乗」というのは, 虚数 i は「2 回合成すると 180 度回転になるように働くということだ.

N ● つまり,「i は 90 度回転」というわけか[3].

S ● すると, $i = i \cdot 1$ は 1 を 90 度回転させたものと考えることができるから,「数直線」を超えた「数平面」(複素数平面)の上に, $x+yi$ (x,y は実数) という形の数(複素数)を位置付けるという考えにつながる. さらに, $x+yi$ を単なる点としてではなく平面上のベクトル(横方向 x, 縦方向 y)としてとらえなおして図示すれば,

$$i(x+yi) = -y+xi$$

が $x+yi$ を 90 度回転させたものになっていることも見てとれる. 要するに複素数を考えるとは, 90 度回転というような働きをも含んで, かつ実数と同じような四則演算ができる世界を考えることだといえる.

N ● まあ, そういう都合の良い世界があるとすればの話だが.

S ● もし君が実数の存在を認め, かつ, 集合についての基本操作を認めるのであれば, そういう世界を実際に構築してみせることもできる.

N ● いや, もういい. さあ, 呑みに行こうではないか.

7.2 指数関数 $\exp(it)$

S ● まあちょっとまて. 本題はここからだ. i について語り始めたのだから, さっそく関数 $\exp(it)$ を考えてみることにしよう.

N ● え, なんだってそんな無茶なことを.

S ● そんなもの, 面白そうだからに決まっているだろう. それ以外に何があるというんだ.

N ● 何譲りか知らんが, その無鉄砲さで損ばかりすることにならなければ良いが. まあ良い, とっととやってくれ.

S ● とはいっても, 定義するだけなら新しくすべきことはなくて, 今までの議論を単に確かめていくだけで良い. 前章では

$$p_n(t) = \sum_{j=0}^{n} \frac{1}{j!} t^j$$

とおいて, これが実数上 $\exp$ に広義一様収束することをみたから, これをまねて

$$q_n(t) = p_n(it) = \sum_{j=0}^{n} \frac{1}{j!}(it)^j$$

とおこう．注意してほしいのは，ここではあくまで実数から複素数への関数を考えているだけで，複素数から複素数への関数という大変なものを考えているわけではないということだ．

N● 実数から複素数への関数ということだから，複素数平面を普通の平面(2次元実ユークリッド空間)のように考え，各成分の関数の組として考えれば，連続性や可微分性も自然に定義できるな．

S● その通りだ．話の流れは前章と同じで，次のように進められる．まず，t を定めるごとに $\{q_n(t)\}$ は複素数のコーシー列だから，t を $\{q_n(t)\}$ の収束先に対応させる関数 q が考えられる．$\{q_n(t)\}$ の q への収束は単に各点収束であるだけでなく，実数上広義一様収束で，q が連続であることがわかる．さらに，有限増分の定理が複素数値関数に対しても適用できることに注意すれば，可微分性もわかる．もとの多項式 q_n について，$Dq_n = iq_{n-1}$ が成り立つから

$$Dq = iq$$

となる．また，$q_n(0) = 1$ だから $q(0) = 1$ だ．

N● 指数関数 $f(t) = \exp(kt)$ を微分した場合の式

$$Df = kf$$

と比べると，単に実数 k が虚数単位 i に置き換わっただけのようだな．

S● つまり，もともと $q_n(t) = p_n(it)$ と定義していたのだが，微分した場合の関係式も含めて，$q(t) = \exp(it)$ と表記することの正当性があるわけだ．第4章では，微分方程式 $Df = kf$ について，$f(t)\exp(-kt)$ の微分を考えることで，

$$f(t) = f(0)\exp(kt)$$

と解いていたが，まったく同様にして $Dq = iq$ は

$$q(t) = q(0)\exp(it)$$

と解ける．というわけで，$q(0) = 1$ となるものは $\exp(it)$ のみだ．この一意性から，指数法則

$$\exp(i(t+u)) = \exp(it)\exp(iu)$$

が得られるのも同様だ．

N● うん，まさに振り返るだけで済んだな．さあ飲むか．

S ● 待ちたまえ，こんな簡単に終わって良いと思っているのか．君には良心というものが存在しないのか．

N ● 良心なら，自分に都合の良いことをやるべきだ，としょっちゅう囁いてくるよ．

S ● ふむ，君に足らないのは公共心か．そもそも雑誌掲載時に空いたスペースをどうするつもりなんだ．

N ● スペースは空くためにあるんだから，スペースも本望だろう．どうしても気になるのなら，昨今の流行に従って適当な，あるいは不適当なイラストでも掲載しておけば良い．

7.3 我々の宝石

S ● よくもまあそんなにくだらないアイデアばかり浮かんでくるもんだな．とにかく話はまだ終わっていないんだ．前節において導きだした $\exp(it)$ の諸性質が何を意味するのかを考えてみよう．

N ● 諸性質って，たとえば微分すると i 倍になる，とかいうことか？

S ● そうだ．ある動点が，各時刻 t において $\exp(it)$ に位置するとしてみよう．この場合，微分すると速度が出てくるわけだから，
$$D\exp(it) = i\exp(it)$$
が意味するところは，位置(位置ベクトル)を90度回転すると速度(速度ベクトル)になる，ということだ．つまり，原点からその点の位置へと引いた矢印(位置ベクトル)と，その点が動こうとしている方向の矢印(速度ベクトル)はつねに垂直でなければいけない．いったい，それはどんな運動だろうか？

N ● 円運動だな．しかも，最初 ($t=0$) の位置は実数直線上の $\exp(0)=1$ のところなわけだから，原点中心半径1の円周(単位円周)上を動いているわけだ．それに，速度ベクトルの長さもまた1となるわけだから，「速さ1」でもある．

S ● よって，時刻 t においては，実数直線の正の方向からちょうど「弧の長さ」t だけ回ったところにいるはずだ．数学では単位円周上の「弧の長さ」によって角度を測る方法(弧度法)が規準的だから，点1から角度 t 回ったところにいるはずだ，と言い換えても同じことだ．いま言葉で述

べたことを理解するならば，高校数学で習う三角関数の定義を用いるだけで

$$\exp(it) = \cos t + \sin t \cdot i$$

あるいはよりおなじみの記法に従えば

$$e^{it} = \cos t + i \sin t$$

という偉大な認識，またの名を「オイラーの公式」に至る．これは我々の宝石である[4]．とくに $t = \pi$（π は単位円周の半周分の道のりにあたり，角度としてはいわゆる「180度」にあたる）を代入すれば，

$$e^{i\pi} = -1$$

あるいは同じことだが

$$e^{i\pi} + 1 = 0$$

となる．めでたしめでたし，だ．

7.4 三角関数ってなんだ？

N● ちょっと待ちたまえ．今までの議論が無駄だとは言わないが，「はずだ」「はずだ」ばかりで，厳密さから程遠いじゃないか．

S● なんだ，また急に厳密な話をし始めくさって．まさか君，この本に厳密さなどがいまだかつて存在したと思っているのではあるまいね．

N● そんな幻想は抱いていない．が，しかし，このように三角関数や π についてごまかしたままではうまい酒が呑めないだろうが．

S● その背徳感を肴にするのが一流の数学者の嗜みだというのに，面倒なやつだ．もちろん厳密な展開は可能なわけだが，普通のやり方に従うと面倒なので，むしろここではこのオイラーの公式を通じて三角関数を定義する，というやり方で手を打とうじゃないか．つまり，$\exp(it)$ の実部と虚部[5]をそれぞれ $\cos t, \sin t$ と呼ぶ，ということでどうだ．概念的な混乱がおこると面倒なので，ここからはそれらをいったん $c(t), s(t)$ とでも書いて，その正体が「わかる人にはわかる」という仕掛けにしよう．というわけで，$\exp(it)$ の実部，虚部についてまずなにがわかるだろうか．

N● $q_n(t)$ の複素共役[6] $\overline{q_n(t)}$ について

$$\overline{q_n(t)} = p_n(-it) = q_n(-t)$$

となることから，$q_n(t)$ の実部，虚部はそれぞれ
$$\frac{q_n(t)+q_n(-t)}{2}, \quad \frac{q_n(t)-q_n(-t)}{2i}$$
と表すことができる．これらはどちらも実数だから，極限の
$$\frac{q(t)+q(-t)}{2}, \quad \frac{q(t)-q(-t)}{2i}$$
も実数だ．このことは，$q(t) = \exp(it)$ の複素共役が $q(-t) = \exp(-it)$ であることを示している．

S● よし，先程のプラン通り，実部(前者)を $c(t)$，虚部(後者)を $s(t)$ として
$$\exp(it) = c(t)+is(t)$$
と表そう．このとき，次のことがすぐにわかる．

- 指数法則の実部と虚部とをそれぞれ比較して
$$c(t+u) = c(t)c(u)-s(t)s(u)$$
$$s(t+u) = c(t)s(u)+s(t)c(u)$$
（加法定理）
- $\exp(it)$ の複素共役が $\exp(-it)$ であることから，c は偶関数，s は奇関数である．
$$c(-t) = c(t), \quad s(-t) = -s(t)$$
- 指数法則から
$$\exp(it)\exp(-it) = 1$$
なので
$$c(t)^2+s(t)^2 = 1.$$
- $\exp(0) = 1$ から
$$c(0) = 1, \quad s(0) = 0.$$
- $Dq = iq$ から
$$Dc = -s, \quad Ds = c.$$

N● 特に最後の二つからは，c, s の原点付近での動向がわかるな．まず $c(0)$ が正だから，充分小さな区間 $(-\delta, \delta)$ 上で c は正だ．この区間上で $Ds = c > 0$ だから s は狭義単調増加で，$s(0) = 0$ から，$(-\delta, 0)$ 上では負，$(0, \delta)$ 上では正だといえる．すると今度は $Dc = -s$ から，c が $(-\delta, 0)$ 上で狭義単調増加，$(0, \delta)$ 上で狭義単調減少だとわかる．

S● 少なくとも何らかの $\delta>0$ があって，0 から δ までは c が正で，狭義単調減少だとわかったが，次は，ではどこまで正なのかということが気になるな．そこで集合
$$A = \{\eta\,|\,c(t)>0,\ t\in(0,\eta)\}$$
について考えよう．$\delta\in A$ だから $A\neq\emptyset$ で，$\omega=\sup A$ とおこう[7]．区間 $(0,\omega)$ 内の小区間 (α,β) を任意に選んで，この上で c がどう振る舞うかについて調べようか．先程の君の議論から，c が正だから s は狭義単調増加で，$Dc=-s<-s(\alpha)$ がわかる．両辺の積分を考えれば
$$c(\beta)-c(\alpha) < -s(\alpha)(\beta-\alpha)$$
で，これから
$$c(\beta) < c(\alpha)-s(\alpha)(\beta-\alpha)$$
が得られる．もし $\omega=\infty$ なら，β としていくらでも大きなものが選べ，充分大きな β に対して右辺は負となる．このとき $c(\beta)$ は負だが，これは集合 A の定め方に反する．したがって ω は有限で，連続性から $c(\omega)=0$ だ．言い換えれば，ω は c が 0 となる最初の値ということだ．

N● $(0,\omega)$ 上で s が正であることと $c^2+s^2=1$ とを合わせれば，$s(\omega)=1$ だな．

S● さらに加法定理を組み合わせれば
$$c(t+\omega) = -s(t),$$
$$s(t+\omega) = c(t)$$
ということがわかる．これは，実数全体で定義されている c,s の動きを調べるためには，区間 $[0,\omega]$ 上での振る舞いがわかれば充分だということを意味している．特に
$$c(t+4\omega) = c(t),$$
$$s(t+4\omega) = s(t)$$
で，c,s が 4ω を周期とする周期関数であることがわかる．

N● c の増減については，0 から 2ω にかけて 1 から -1 まで減少し，2ω から 4ω にかけて増加してもとに戻ることがわかる．その途中 $\omega,3\omega$ で 0 となるな．s は，c を ω だけずらした形だ．

S● よし，まあそんなところでいいだろう．そして，わかる人にはわかると思うが，この c,s,ω のそれぞれの正体は，c が $\cos$，s が $\sin$，ω が $\dfrac{\pi}{2}$ だ[8]．

N● ようやくこれで，いい酒が呑めそうだ．

7.5 正則関数ことはじめ

S● ここまでは実数から複素数への関数を，実数から一般の空間への関数の一例として考えてきたが，当然，複素数から複素数，さらには一般の空間への関数も考えることができる．

N● そんな大変なものは考えないと言っていたではないか，騙したな．

S● 自然な流れなのだ，仕方あるまい．自然の前では我々は無力だ．さらに重要なことは，我々の定義と「まったく同様に」複素可微分性を定義できることだ．とはいっても，複素可微分性は相当に強い条件であり，複素可微分性と解析性（べき級数展開可能性）とが同値となる．この複素可微分性＝解析性を正則性とも呼ぶ．さて，せっかく指数関数 $\exp(it)$ について調べたのだから，この力を借りて，以下の偉大な定理を示しておこう：

リウヴィルの定理

複素平面全体において正則な関数 f について，実数 M ですべての複素数 z に対して

$$|f(z)| \leq M$$

となるようなものが存在するとき[9]，この f は定数関数である．

通常の証明は複素積分を経由して行われるが，ここではより初等的な方法に頼ろう．n を任意に固定して，$e_n = \exp\left(\dfrac{2\pi i}{n}\right)$ とおく．また，正の実数 r をとって複素数の集合 $\{re_n^j\}_{j=0}^{n-1}$ を考えると，これは半径 r の円に内接し，r を頂点の一つとして持つ正 n 角形の頂点を表す．これはオイラーの公式からすぐわかる．

N● $n = 4, r = 1$ の場合を考えれば，$\{1, i, -1, -i\}$ で，結ぶと確かに正方形になっているな．

S● 重要なことは，これらの重心が原点だということ，つまり

$$\frac{1}{n}\sum_{j=0}^{n-1} re_n^j = 0$$

となることだ．幾何学的には明らかだが，等比数列の和の公式によれば

$$\sum_{j=0}^{n-1} e_n^j = \frac{1-e_n^n}{1-e_n}$$

で，

$$e_n^n = \exp(2\pi i) = 1$$

だから，これは正しい．さらに，任意の自然数 k に対しても

$$\frac{1}{n}\sum_{j=0}^{n-1}(re_n^j)^k = 0$$

が成り立つ．というわけで，どんな多項式 p に対しても

$$\frac{1}{n}\sum_{j=0}^{n-1}p(re_n^j) = p(0)$$

と，定数項のみが現れることになる．

N ● 正則な関数 f は

$$f(z) = \sum_{m=0}^{\infty} a_m z^m$$

のような展開（f の「べき級数展開」）が可能だから，和をとる順序の交換に気を付ければ，多項式みたいなもので

$$\frac{1}{n}\sum_{j=0}^{n-1}f(re_n^j) = f(0)$$

と同じ式が成り立つわけか．

S ● 言葉でいえば，円周上に等間隔に配置された点における f の値の平均値が，円の中心での値に一致するということだ．これもまた正則性が非常に強い条件であることを示す一例だな．さて，f の絶対値は M で抑えられていたのだから

$$|f(0)| \leq \frac{1}{n}\sum_{j=0}^{n-1}|f(re_n^j)| \leq \frac{1}{n}\cdot nM = M$$

が成り立つ．f のべき級数展開でいえば，これは a_0 についての評価なわけだが，同じ考え方で，ほかの a_m についての評価も得られる．実際，g_m を

$$g_m(z) = a_m + a_{m+1}z + a_{m+2}z^2 + \cdots$$

$$= \frac{f(z) - \sum_{k=0}^{m-1} a_k z^k}{z^m}$$

で定めれば，やはり

$$|a_m| = |g_m(0)| \leq \frac{1}{n}\sum_{j=0}^{n-1}|g_m(re_n^j)|$$

と同様の評価が可能だ.

N ● $|g_m(re_n^j)|$ については，定義に戻れば

$$|g_m(re_n^j)| \leq \frac{\left|f(z) - \sum_{k=0}^{m-1}a_k z^k\right|}{|re_n^j|^m}$$

$$\leq \frac{M + \sum_{k=0}^{m-1}|a_k|r^k}{r^m}$$

と評価できるから，結局 $m \geq 1$ に対しては

$$|a_m| \leq \frac{M + \sum_{k=0}^{m-1}|a_k|r^k}{r^m}$$

ということだな.

S ● 右辺の分数について，分子は高々 $m-1$ 次で分母は m 次だ．r は任意にとってきたものだったから，r を大きくすれば右辺はいくらでも小さくなる．よって，$m \geq 1$ について $a_m = 0$ で，f は定数関数といえる．このリウヴィルの定理を用いれば，以下のいわゆる「代数学の基本定理」が簡単に得られる：

代数学の基本定理

次数が1以上の複素係数1変数多項式は，複素数の根を持つ.

実際，次数が1以上の複素係数1変数多項式で，複素数の範囲で根を持たないものが存在するとしたとき，その値の逆数をとる関数は複素平面全体で正則かつ有界な関数となるが，これはリウヴィルの定理によって定数でなければならず，もとの多項式も定数で，次数が1以上との仮定に反することになるからだ.

N ● さあ，ここまで語れば我々としては十分だろう．「-1 は i の 2 乗」というのは，ある特別な2次方程式が根を持っているという話だったのに，指数関数のおかげで，なんとどんな n 次方程式（n は正の整数）も複素数の範囲に必ず根をもつということまで証明することができたわけだ.

S ● さあ，いよいよ酒だ．本章は，京都・一乗寺の「そば鶴」にて，鱧の焼

霜を「竹鶴　秘傳」の燗とともに楽しもう．数か月前から心に決めていた．

N● 君とは到底思えないほどの用意周到さだな．すると，毎度のアルコールオチもすでに準備済みなのか．

S● もちろんだ．エウリピデスの名台詞を引用して終わりにしよう：この世に酒がなくては，愛も，またどのような楽しみも虚しいものになってしまう．

7.6 演習

(1) 三角関数の加法定理を証明せよ．

(2) (上級者向け)複素可微分性と解析性(べき級数展開可能性)の同値性を証明せよ．なお，通常の証明は複素積分(コーシーの積分定理)を経由するが，これとは本質的に異なる道筋の証明が可能か考えてみよ．

註

1) 筆者のひとり(西郷)が勤務する長浜市に存在する地ビールレストランの名物地ビール．前章でも登場した．
2) 高校数学では「解」というのが普通だろうか．
3) 「−90度回転」でも，2回作用させれば「180度回転」になる．これは角度の正の方向(時計回りで測るか反時計回りで測るか)を決めれば区別できるが，決めない限り区別できないという曖昧さを持っている．この種の「曖昧さ」をより一般の文脈で追求する理論は「ガロア理論」と呼ばれている．
4) "This is our jewel." リチャード・ファインマンの名言．
5) 複素数 $x+yi$ (x,y は実数)について，x を実部，y を虚部と呼ぶ．
6) 複素数 $z=x+yi$ (x,y は実数)に対し，$\bar{z}=x-yi$ をその複素共役と呼ぶ．
7) ここでは，$\omega=\infty$ の場合も許容しておく．あとでみるように，実際には，そうならないが．
8) こうして周期の観点から見ると，改めて，π は随分中途半端なものを定義にしたものだと思う．
9) このような関数は有界であると呼ばれる．

第8章
丸の内ロジスティック

8.1 微分方程式

S● 前章では君に京都に来てもらったから，本章では君の職場に近い東京・丸の内まで来てみたが，特段行ってみたいところも何もないので，『指数関数ものがたり』の打ち合わせでもしようか．前章でオイラーの公式も示して基礎編が終わったところで，本章からはいよいよ実践編といこう．まずは微分方程式からだ．

N● なんと，まだ続けるつもりだったのか，往生際の悪い．僕はもう終わったものと思っていたよ．前章は第7章，つまりラッキー・セブンだ．実に縁起が良いじゃないか．終わるのにうってつけの章だったのに．

S● まったくだらんこじつけを考えるもんだなあ．そもそも第1章でシステムの発展の話をしているというのに，これを扱うために必要な微分方程式という概念を紹介せずに終われるわけがないだろうが．とにかく微分方程式の話だ．これは言うまでもなく，現代科学の根幹をなすきわめて重要なテーマだ．第4章でも述べたが，未知の関数を定める関数方程式が微分を使って書けるとき，この関数方程式のことを「微分方程式」と呼ぶのだった．

N● 第4章では
$$Df = kf$$
$$f(0) = 1$$
といった微分方程式を扱っているな．

S● 微分方程式をみたす関数を求めることを「微分方程式を解く」といっていたが，我々は既にこのタイプの微分方程式は解いていたわけだな．ところで，今まで入力，出力，関数の関係を $s = f(t)$ と書いてきたが，ここからは $s = s(t)$ のように変数自体を関数と見る，あるいは積極的に混同していくことで，変数を主役として扱っていこう．また微分作用素 D

も，場合によっては $\dfrac{d}{dt}$ と書いて，Ds を $\dfrac{ds}{dt}$ と表したりもする．この記法は，「量 t（しばしば時間だが）の微小変化に対する量 s の微小変化の比」という，微分の量的な意味づけと整合する．また，今後 s_0 と書いたら，これは初期値 $s(0)$ を表す．さて，微分方程式についての話を始めるために，まず簡単な例として空気中の雨粒が落下する状況を取り上げようか．

N● 速度を v とすると加速度は Dv だから，もし空気抵抗がなければ雨粒の加速度は重力加速度 g に等しく，この場合

$$Dv = g$$

という単純な微分方程式が得られるな．

S● 空気抵抗としては，速度に比例するものが働くと考えよう[1]．比例定数を k とすれば，微分方程式は

$$Dv = g - kv$$

と修正される．これをみたす v を求めれば，各時刻における速度が得られるわけだ．このように自然法則は，かなりの場合微分方程式で表せるが，考えている法則から予測を引き出すには微分方程式を解く必要がある．

8.2 変数分離形の微分方程式

N● 単位をとるためにも微分方程式を解く必要があるな．そこで「単位がとれる微分方程式の解き方」が重要になってくるんだな．

S● なんだその，君の存在の耐えられないほど深遠な軽薄さを余すところなく伝える動機およびネーミング・センスは．まあ良い．まずは

$$\dfrac{du}{dt} = A(t)B(u)$$

$$u_0 = u(0)$$

のかたちで表される微分方程式の解き方を探っていこう．これは**変数分離形の微分方程式**と呼ばれる．先程の雨粒の場合はこの $A(t) = 1$ という状況だ．ここで $B(u)$ について注意してほしい．u が t の関数である以上，t が定まれば u が定まり，そして $B(u)$ が定まるので，これは t の関数であるわけだ．しかしここでは，u の内部以外に t は存在しない，

つまり u を介してしか t は影響を及ぼさないことを想定している.

N ● たとえば $u(t)+2t^3$ のようなものではない,ということだな.

S ● そう.君の例のように,t が表に出ている状況を「t を陽に含む」,$B(u)$ が想定しているような状況を「t を陰に含む」と呼ぶ.さて,微分方程式の両辺を $B(u)$ で割ると[2]

$$\frac{1}{B(u)}\frac{du}{dt} = A(t)$$

と,右辺が t のみの関数になる.そこで両辺を初期時刻 0 から時刻 t にわたって積分すると

$$\int_0^t \frac{1}{B(u(t))}\frac{du}{dt}dt = \int_0^t A(t)dt$$

となって,左辺が第 6 章で述べた「置換積分の公式」を適用できるかたちになっている.ちなみに,この式が「当たり前」に近く思えるところに,$\dfrac{du}{dt}$ といった記法や積分の記法の醍醐味の一端がある.危うく言い忘れるところだったが.

N ● 被積分関数[3]にも,外側にも t が出ているが,大丈夫なのか.

S ● なんの問題があろうか[4],記法に慣れれば良いのだ[5].さて左辺は置換積分の公式によれば

$$\int_0^t \frac{1}{B(u(t))}\frac{du}{dt}dt = \int_{u_0}^{u(t)} \frac{du}{B(u)}$$

と変形できる[6].右辺は t を陰に含んでいるから,こういうときはもう $u(t)$ を u と書いてしまおう.結局,もとの微分方程式は

$$\int_{u_0}^u \frac{du}{B(u)} = \int_0^t A(t)dt$$

と,「u(と初期値 u_0)の関数」と「t の関数」とを結ぶ式に書き換えられる.

N ● 雨粒の例でいくと,$A(t)=1$,$B(v)=g-kv$ だから

$$\int_{u_0}^u \frac{dv}{g-kv} = \int_0^t 1\,dt$$

となるな.

S ● そういえば,定積分を計算する際に便利な記法を導入するのを忘れていたな.f の原始関数(の一つ)を F とすると,微分積分学の基本定理によって

$$\int_a^b f(t)dt = F(b) - F(a)$$

が成り立つが，原始関数として F を選んでいるということを明示するために

$$\int_a^b f(t)dt = [F(t)]_a^b = F(b) - F(a)$$

と書くことにしよう．

N● 右辺は

$$\int_0^t 1\,dt = [t]_0^t = t$$

と計算できるな．左辺は対数微分か．

S● そうだな．第3章で述べたように，可微分な関数 f に対して

$$D(\ln f) = \frac{Df}{f}$$

が成り立つ．$f(v) = g - kv$ とおけば $Df(v) = -k$ で，$-\frac{1}{k}\ln f$ が被積分関数の原始関数であることがわかる[7]．よって左辺は

$$\int_{u_0}^{u} \frac{dv}{g-kv} = \left[-\frac{1}{k}\ln f(v)\right]_{v_0}^{v}$$

$$= -\frac{1}{k}(\ln f(v) - \ln f(v_0))$$

$$= -\frac{1}{k}\ln\frac{g-kv}{g-kv_0}$$

と計算できる．

N● まとめると

$$-\frac{1}{k}\ln\frac{g-kv}{g-kv_0} = t$$

ということか．両辺を $-k$ 倍して，対数も外せば

$$\frac{g-kv}{g-kv_0} = e^{-kt}$$

となる．これを v について解けば

$$v = \frac{g}{k} - \left(\frac{g}{k} - v_0\right)e^{-kt}$$

となって，ここでも指数関数が出てくるな．

S● もちろんだ．この本は『指数関数ものがたり』なのだから当然だろう．

N ● この本に配慮して雨を降らし続けてきたとは,造物主とはなんと偉大な存在であろうか.

8.3 微分方程式としての運動方程式

S ● 指数関数が係っている項は時間の経過とともに減衰して

$$\lim_{t \to \infty} v(t) = \frac{g}{k}$$

となる.これは**終端速度**と呼ばれる値で,v_0 との対比で v_∞ と書くことにしよう.そうすると先程の式は

$$v = v_\infty - (v_\infty - v_0)e^{-kt}$$

となって,初速度 v_0 と終端速度 v_∞ との差が減衰しながら影響を及ぼしていることがわかりやすい.ところで終端速度がこのような比のかたちをしているのにはわけがある.運動方程式は覚えているか?

N ● 物体にかかる力,質量,生じる加速度の関係式だな.それぞれ F, m, a とすると

$$ma = F$$

と表される.

S ● そうだ.「加速度」つまり速度の微分(時間 t に関する微分)が,運動をとらえる上で決定的であることを見抜いたガリレオの発見を踏まえて,この「加速度」をニュートンが「力」「質量」という重要な概念と結びつけたものだ.

N ● 加速度の定義自体が微分を用いているわけだから,運動方程式はもちろん微分方程式になっているわけだな.

S ● まさにその通り.先ほどは雨粒の運動についての微分方程式を天下り式に与えてしまったが,実はあれは要するに運動方程式なのだ.雨粒に働く力は重力と空気抵抗力だ.質量を m とすれば前者は mg と表される.後者については先程と同様速度に比例する力が働くものとして,比例定数を b としよう.すると運動方程式は

$$m\frac{dv}{dt} = mg - bv$$

となる.両辺を m で割れば,$k = \frac{b}{m}$ であることがわかるだろう.

N ● となると，終端速度は

$$v_\infty = \frac{g}{k} = \frac{mg}{b}$$

と変形できるな．

S ● このとき雨粒に働く力は

$$mg - bv_\infty = mg - b\frac{mg}{b} = 0$$

となって，重力と空気抵抗力とが釣り合っていることがわかる．まあ，釣り合っていなければ加速度が生じて速度が変化するのだから，当然と言えば当然か．より興味深い結果としては，運動方程式を経由することで，v_∞ が質量 m に比例することがわかったことだ．つまり，充分な時間が経てば，重いものほど速く落ちているということになる．もっとも，この数理モデル[8]の仮定が現実と整合的な範囲内において，ということだが．

8.4 モデルの適用領域

N ● なるほど．もし丸の内が霧雨で，新宿は豪雨ならば，雨粒の終端速度はもちろん新宿のほうが速いに違いないな．「重いものは速く落ちる」．アリストテレスは正しかった．しかしこれだと，ガリレオがやったとされる例の「ピサの斜塔」の実験はどうなるんだ．

S ● ああ，同じ大きさ・同じ形の重い球と軽い球を同時に斜塔の上から同時に落とすという実験ね．安心したまえ，もしあれをちゃんとやったら，重い球が先に着地したに違いないから．

N ● しかしだとするとガリレオは間違っていたのか．

S ● まあそう慌てるな．われわれは先ほど，空気抵抗を考慮に入れて考えたわけだが，空気抵抗の効果を無視できるとすれば，ガリレオの考え通り，重い球と軽い球は同時に着地するだろう．実際，空気抵抗の効果が無視できるなら微分方程式は

$$m\frac{dv}{dt} = mg$$

となり，両辺を m で割れて微分方程式から質量 m が消える．たとえば

自由落下(すなわち $v_0 = 0$ の場合)を考えてみると, $v = gt$ となり, m を含まない単なる t の一次関数となる.

N ● しかし一次関数と指数関数ではあまりに形が違うように思うが….

S ● そういう場合こそ指数関数 $e^x = \exp(x)$ の展開

$$e^x = 1 + x + \frac{x^2}{2!} + \cdots$$

を思い出すとよい. x が 0 に近いときは一次関数と「ほぼ近い」ことがはっきりとわかるだろう. これを使えば, 空気抵抗が無視できたり, 質量が大きかったり, 時間が短かったりするとき, ガリレオのモデルが正しいことを示すことができる(演習(1)参照).

N ● なるほど, モデルには適用領域があることをはっきりさせることで, 異なる適用領域をもつモデルをつなぐことも可能になるわけだな.

S ● その通りだ. 別にこれは物理学的な話に限ったことではない. たとえば, バクテリアの増殖に関するモデル化についてもう一度考えてみよう.

N ● 第1章では, 放射性物質の崩壊やバクテリアの増殖のような典型的な時間発展をモデル化するもの, として指数関数を導入したんだったな.

S ● 暗に想定していたのは

$$\frac{dx}{dt} = rx$$

という微分方程式だ. r を正の定数, x をバクテリアの数, t を時刻とすると, これはバクテリアの増殖速度 $\frac{dx}{dt}$ が現在の数 x に比例するということを想定していて, 実際の増殖の状況をよく表している. ただし増殖の初期, つまりバクテリアがあまり増えていないときに, という場合においてだが. というのも, 実際には増殖のための資源や空間が限られていて, 増殖速度はいずれ逓減していくからだ. 数理モデルは現象を理解するのに役立つが, 現象そのものではないことに注意して, 常にその適用範囲を探っていくことが重要だ.

N ● なるほど, 数理モデルは現実世界のパロディ, 二次創作のようなものか. 造物主が著作権関連について大らかで良かったな.

S ● まったくだ.

N ● だが, 僕はむしろこの本の各章のタイトルが著作権関連で問題を引き起こさないかのほうが大いに心配だ.

8.5 ロジスティック・モデル

S ● 一体君が何のことを言っているのか，私にはまったく理解できないが，まあどうでもよい．バクテリアの増殖に話を戻すと，現実的に言って「増殖速度が徐々に減衰し，個体数が頭打ちになる」ことを含んだモデルを考える必要があるわけだが，例としてロジスティック・モデルと呼ばれるものを取り上げよう[9]．これは増殖速度 $\frac{dx}{dt}$ が現在の数 x だけでなく，減衰を表す項 $1-\frac{x}{K}$ にも比例するモデルだ．ここで K は正の定数で，微分方程式を解くことでわかるが個体数の限界を表している．考える微分方程式は

$$\frac{dx}{dt} = rx\left(1-\frac{x}{K}\right)$$

だ．

N ● x が小さいうちは，減衰項がほぼ 1 で，もとの単純な増殖モデルと近いものになるな．個体数が増えると減衰項が減っていって，K に近付くにつれて 0 に近付いていく．

S ● そういうことだ．さて，

$$A(t) = \frac{r}{K}, \quad B(x) = x(K-x)$$

とおけば，この微分方程式もまた変数分離形であることがわかる．雨粒の場合と同じく

$$\int_{x_0}^{x} \frac{dx}{x(K-x)} = \int_0^t \frac{r}{K} dt$$

と変形できる．また右辺は

$$\int_0^t \frac{r}{K} dt = \left[\frac{r}{K}t\right]_0^t = \frac{r}{K}t$$

と計算できる．左辺は「部分分数分解」というテクニックで計算できる．テクニックといっても，分母の $x(K-x)$ を導くために $\frac{1}{x} + \frac{1}{K-x}$ を通分すれば

$$\frac{1}{x} + \frac{1}{K-x} = \frac{K}{x(K-x)}$$

となるというだけだが．

N ● つまり，左辺は

$$\int_{x_0}^{x} \frac{dx}{x(K-x)} = \frac{1}{K}\int_{x_0}^{x}\left(\frac{1}{x}+\frac{1}{K-x}\right)dx$$

と変形できるということだな．変形したあとの積分は雨粒の場合と同じで

$$\int_{x_0}^{x}\left(\frac{1}{x}+\frac{1}{K-x}\right)dx = [\ln x]_{x_0}^{x} + [-\ln(K-x)]_{x_0}^{x}$$

$$= \left[\ln\frac{x}{K-x}\right]_{x_0}^{x} = \ln\frac{\dfrac{x}{K-x}}{\dfrac{x_0}{K-x_0}}$$

となるから，結局

$$\frac{1}{K}\ln\frac{\dfrac{x}{K-x}}{\dfrac{x_0}{K-x_0}} = \frac{r}{K}t$$

で，

$$\frac{x}{K-x} = \frac{x_0}{K-x_0}e^{rt}$$

ということだな．あとは知らん．

S● あ，面倒そうなところで止めたな，まったく．右辺をひとまずAとでもおくと，

$$x = \frac{AK}{1+A} = \frac{K}{A^{-1}+1}$$

と解けるから，これを開くと

$$x = \frac{K}{\dfrac{K-x_0}{x_0}e^{-rt}+1}$$

となる．$t \to \infty$の極限ではe^{-rt}が0に近付くから，xはKに近付くことになる．

N● 要するに頭打ちになるということだな．「環境の有限性」が効いてくるわけか．この議論は別にバクテリアの増殖以外にも使えそうだが．

S● 実際，以上のような考えを経済学に適用するなら，「地球が有限である以上，いずれは『定常経済』に移行するべきだ」という考えに導かれるだろうね[10]．私も，そのこと自体を根本的誤りとは思わないし（それどころか重要であると思う），エネルギー消費量などはできるだけ早く「頭打

ち」にして，別の方向の成長に移行すべきだと思っている．だが，このことを，不況の言い訳にしたり不作為を正当化するために用いたりする傾向は，際限もなく誤っている．それは別の問題であり，別の問題には別の対策が必要なんだ[11]．

N● まあまあ落ち着きたまえ．君の議論が適切かどうかを含め，飲みながら話すとしよう．少なくとも，我々が飲めば多少は経済に貢献できるだろうよ．

S● 実際，二つの点で経済に貢献するな．第一に，店で飲めばそれだけで世の中にお金が回る．そして第二に，我々が日々（不本意ながら）労働にいそしんでいる唯一の理由が，美味い酒を飲むためだということもある．実際，（私は詳しく知らないが）ある歌手のある歌[12]の一節に曰く，「どんなに美味しく高価なお酒が有ったって 今日迄怠惰に過ごして居ちゃ味も判らない」そうだから，止むを得ず不放逸に働いているわけだ．

N● 経済のために酒を飲み，酒を飲むために働く．中段を三段論法で消去すれば，「経済のために働く」．我々はなんと偉大な労働者なのか．

S● その偉大さを讃えるため，今日は大いに奢って，「神田　新八」でうまい純米酒を見事な燗で飲もうではないか．

N● 新八といえば，前行ったとき，もっとも適切な温度で燗酒を提供するため，いったん温度を高めにしてから冷ますときもあると聞いたな．

S● その通りだ．あ，これはまた微分方程式のネタとしては実に適切だな．ニュートンの冷却法則によれば，「冷却の速度は室温との温度差に比例する」わけだが，そうすると….

N● よしたまえ，君．一寸の光陰，軽んずべからず．この問題は読者にまかせ（演習(2)参照），我々は別の演習問題，すなわちアルコールの分解速度に関する実験を始めるために，さっそく神田に向かおうではないか！

8.6 演習

(1) 本文中で述べられた「ピサの斜塔の実験」が，どのような条件のもとで（ほぼ）「重い球も軽い球も同時に落ちる」ことになるのか，数学的な観点から説明せよ．

(2) 本文中で述べられた「ニュートンの冷却法則」を，微分方程式を用いて

モデル化し，その解に（またもや）指数関数が現れることを示せ．

註

1) 実際，この近似は悪くないアイデアである．
2) もちろん，値が 0 となっては困るが，細かいことは言わない．
3) 積分される関数のこと．
4) 「良識」からいうと，積分区間の端を表す t と被積分関数の入力を表す t とを区別するために別な記号を用いるべきだということになるのだろう．「違う概念を表すのに同じ言葉を使ってはならない」というわけである．それはたしかに混乱のもとになる．しかし，この原理を推し進めると，日常会話すら成り立たないだろう．たとえば，この本においても，西郷や能美は「君」という言葉を使っているが，その表す意味は場所ごとに変わっているのである！ 記号などというのは，その程度のものと考えるべきである．もちろん，さらに深く考えてみれば，あの記号 t とこの記号 t が「同じ」ということ自体，自明ではないと気づく．場所がそもそも違うのだし．およそ記号にせよ現象にせよ，「完全に同一なるもの」はないのであって，我々はそれらに適宜「等しさ」を定め，その仮設を通して世界を見るのである．そしてその「仮設」の「仮設」たるゆえんを忘れ去ってしまうときに，誤謬への道が開かれるのである．なお，これらの諸問題に関しては，以前も触れた龍樹の議論（および石飛道子氏との議論）から多くを学んだ．
5) まあ，前の註では小難しいことを述べたが，要するにこのような「記号の濫用」は便利だということである．自然科学で普遍的にみられる濫用である．濫用といえば，初めのほうで触れた「関数とその出力を同じ記号で表す」などというのも（実に便利な）記号の濫用にほかならない．
6) $\int \frac{du}{B(u)}$ は $\int \frac{1}{B(u)} du$ の意味．
7) ほんとうは，$f(v) = g - kv$ が正の値をとればこそであるが，現象から考えて，このことはほぼ明らかだろう．
8) 現象を，微分方程式などの数学的な枠組みでモデル化したものを「数理モデル」という．モデル化とは，現象を「それとは異なるが，ある意味で等しい」わかりやすいもの（モデル）を使ってとらえることをいう．我々が何らかの意味で「等しい」と思う諸現象に共通する「何か」（「本質」と呼ばれたりする）を浮き彫りにするためには，モデル化が不可欠となってくる．ここでいう「モデル化」「モデル」の概念を数学的に定式化しようとするなら，「関手」や「普遍性」といった圏論の概念を用いるのがよいように思われるが，ここでは措く．圏論については，『圏論の歩き方』（日本評論社）などを参照のこと（おかげさまで五刷となりました．皆さまありがとうございます）．
9) 賢明な読者はおわかりと思うが，本章のタイトルは，「丸の内」で「ロジスティック・モデル」について語りあうというだけの，きわめて無味乾燥なものである．別に何かのパロディでも二次創作でもないのである．
10) これはいわゆる「エコロジー経済学」（ハーマン・デイリーら）の主張の核心であるし，古くはすでにジョン・スチュアート・ミルなども言っている．
11) この主張を「お題目」で終わらせないため，最近筆者のひとり（西郷）は，経済学者である松尾匡（立命館大学）・朴勝俊（関西学院大学）両氏らとともに，「ひとびとの経済政策研究会」を立ち上げ，おもにリベラル・左派に向けての政策提言を始めることにした．
12) 椎名林檎『余興』（JASRAC 出 180252-801）．

第9章
フォトンを待ちながら

9.1 線型微分方程式

S ● どうにもならん[1].

N ● いったいどうしたというんだ.

S ● 今後の章において重要になるはずの「たたみ込み[2]」の概念の導入を，どのように自然に行えば良いのか，途方に暮れているのだよ．まあいい，とりあえず本章の内容だ．前章に引き続いて，微分方程式について話し合おうじゃないか．

N ● 残念ながら僕は忙しいんだ．ひとりでやっておいてくれ．では，また．

S ● なにを馬鹿な，君が休日に忙しいわけがあるか．どうせソシャゲ[3]かなにかだろう．

N ● いや，休日は心静かに，偏微分作用素[4]に消されてしまった変数たちに思いを馳せることにしているんだ．したがって，君に構っている暇はない．

S ● それなら寝ている間にでもしたまえ．一番心静かだろう．こうしてまた東京に来てやっているのだから，寝る時間がないなどとは言わせまい．前章では，空気抵抗を受けながら落下する雨粒の速度 v が

$$\frac{dv}{dt} = g - kv$$

という微分方程式に従うものとして話を進め，変数分離形の微分方程式の解き方や，ロジスティック・モデルについて議論したのだった．解き方を探る上では $\frac{dv}{dt}$ という表記がわかりやすいものとなっていたけれど，本章は別のアプローチをとるため作用素 $\frac{d}{dt}$ を D と表そう．

N ● そのまま書き換えるなら

$$Dv = g - kv$$

であり，これを移項して整理すると

$$(D+k)v = g$$

となるな.

S● 君は今, なんの考えもなく $D+k$ などという「作用素と数との和」を勝手にひねり出しているな. まあ, これは数 k を「関数を k 倍する作用素」$k \cdot 1$[5] と同一視すれば問題ない. 結果的には, むしろこれが数の本質であるともいえる「正しい」混同だな.

N● もちろんそれを踏まえてのことだ.

S● ほう, そうか. なにしろ私は寛大だからな. 君のそういった無理のある主張に対して沈黙を貫くにやぶさかでないよ. まあとにかく重要なことは, 「数」を「線型作用素」とみなせるということだ.

N●「線型作用素」の定義はしていただろうか.

S● 本質的には定義しているはずだが, 思い返すのが面倒なので, ここで定義しておこう. 作用素 A が線型であるとは, 任意の入力 x, x' (作用素と言う場合, 一般にこれら自体が関数)とスカラー (つまり, 実数や複素数などの「数」のこと) k に対し,

$$A(x+x') = Ax + Ax'$$
$$A(kx) = kAx$$

が成り立つことを言う[6].

N● なるほど, 数 k (を掛けること)はたしかに線型作用素だ. それに微分作用素 D もまた線型作用素だな.

S● 線型作用素の和やスカラー倍(より一般にはスカラーを出力とする関数倍)も線型作用素となる. また, 線型作用素 A と線型作用素 B との合成 $A \circ B$ も線型作用素だ[7]. この合成を一種の「積」ととらえることにしよう. すると, 一種の「代数」が出来上がる. もちろん, $D \circ D$ などの D の「冪」もまた線型作用素だ. こういったものは D^2 などと書いてしまおう. これらのことをまとめると, D^2+3D+2 のように D の「多項式」で表される作用素は線型作用素だとわかる. そこで,「線型微分方程式」とは何かということを, 次のように定義しよう.

定義

未知の関数 $x = x(t)$ についての微分方程式が, D の多項式(係数は t の関数でも良い)で与えられる線型作用素 A と, t の関数 $b =$

$b(t)$ によって
$$Ax = b$$
と書けるとき，これを**線型微分方程式**と呼ぶ．

9.2 特殊解から一般解へ

N ● 雨粒の速度をモデル化したものは線型微分方程式だが，前章で扱ったロジスティック・モデルには x^2 の項があったから違うな．

S ● そういうことだ．さて，ここから微分方程式をみたす解を求めていくわけだが，第4章で述べた原始関数の求め方が参考になる．

N ● x_1, x_2 がどちらも解なら，と仮定していくやり方だな．この場合，差をとれば
$$A(x_1 - x_2) = 0$$
となって，差 $x_1 - x_2$ は，もとのものより単純な線型微分方程式
$$Ax = 0$$
の解となる．原始関数を求める場合は，$A = D$ の場合であって，ここから $x_1 - x_2$ は定数だとわかったのだったな．そうして「原始関数は定数の違いを除いて一意に定まる」と言えた．

S ● このことから，なんでも良いから一つ原始関数を見付ければ，すべての原始関数を(具体例 + 定数)の形で表すことができるとわかったわけだが，本章も状況は同じで，次のようにまとめられる．

> **定理**
>
> 線型微分方程式 $Ax = b$ の解が一つ見付かったとき，これを $\bar{x}$ とすると，その他の解は $\bar{x} + (Ax = 0 \text{ の解})$ の形で書ける．解の一つを**特殊解**，解全体を**一般解**と呼ぶ．

N ● つまり線型微分方程式を解くという問題は，$Ax = 0$ をいかに解くか，特殊解をいかに見付けるかの二つに分割されるということだな．

S ● 具体例として，雨粒の場合
$$(D + k)v = g$$
を考えてみよう．まず特殊解については，解が定数なら楽で良いな，と

念じながら定数 $\bar{v}$ を代入してみると，$D\bar{v}=0$ だから $\bar{v}=\dfrac{g}{k}$ と変形できて，なんとこれが特殊解だ．

N ● なんとまあ，そんな行き当たりばったりなことで良いのか．

S ● そうで良い，あるいは一般性について苦労すべきところを分割する，というのが先程の定理の主眼だ．とにかく特殊解については，見付かればなんでも良いんだ．次に $(D+k)v=0$ を解くのだが，これは移項すれば $Dv=-kv$ であって，すでに何度も見た形だ．解は定数 C を用いて $v=Ce^{-kt}$ と書ける．よって一般解は $v=\dfrac{g}{k}+Ce^{-kt}$ という形で，C を定めるためには初期条件を考えれば良い．$t=0$ とすると
$$v_0 = \frac{g}{k}+C$$
から C が求められるので，一般解は
$$v = \frac{g}{k}-\left(\frac{g}{k}-v_0\right)e^{-kt}$$
だ．これで無事，前章と同じ解が得られた．

9.3 特殊解の求め方

N ● どうにも随分簡単に見えるが，解法を振り返ってみると k や g が t に依らない定数だということが重要なようだな．

S ● たしかにその通りだ．より一般には $\alpha=\alpha(t)$，$\beta=\beta(t)$ を用いて
$$\frac{dx}{dt} = \alpha x + \beta$$
と書ける微分方程式について考える必要がある．作用素の形で書けば
$$(D-\alpha)x = \beta$$
だ．もし左辺の作用素が D なら，これは β の原始関数を求めるだけの問題だ．$Dx=\beta$ の解なわけだから，β の原始関数を $D^{-1}\beta$ と表すことにしよう[8]．難しい点は，左辺が D でなく $D-\alpha$ となっているところだから，$(D-\alpha)^{-1}$ が何であるか調べるために D と $D-\alpha$ とをつなぐ変換がないか探っていこう．目指すことは

となる T を見付けることだ．これは圏論のことばでいえば，一種の「自然変換」を見付けようとしているということだ[9]．

N● 右下に1を配置して，それぞれどのように変化するかを見ると次のようになるな．

$$\begin{array}{ccc} 0 & & T(1) \\ {\scriptstyle T}\uparrow & & \uparrow{\scriptstyle T} \\ 0 & \xleftarrow{D} & 1 \end{array}$$

よって $T(1)$ は $(D-\alpha)T(1) = 0$ をみたすべきだとわかる．

S● もちろんここで，$T(1)$ というのは数値ではなくて何らかの関数を考えているわけだな．1という定数関数を，作用素 T で移した先の関数として．

N● 移項すれば $DT(1) = \alpha T(1)$ で，見慣れた指数関数がみたす微分方程式と同じ形だ．違いは α が t の関数だという点だけれど，合成関数の微分公式に注意すれば，$e^{D^{-1}\alpha}$ と指数部分に α の原始関数 $D^{-1}\alpha$ を持ってくれば，この微分方程式をみたすことがわかる．というわけで，「$e^{D^{-1}\alpha}$ を掛ける操作」が T の候補として挙げられる．

S● 先程の図式と合わせて言えば，関数 f に対して
$$(D-\alpha)(e^{D^{-1}\alpha}f) = e^{D^{-1}\alpha}Df$$
が成り立つということだな．これは実際に，積の微分公式を用いて左辺を変形すれば示すことができる．

定理

$e^{D^{-1}\alpha}$ を掛ける掛け算作用素 T に対して
$$(D-\alpha)T = TD$$
が成り立つ．ここから
$$D-\alpha = TDT^{-1}$$
であり，また
$$(D-\alpha)^{-1} = TD^{-1}T^{-1}$$
であることがわかる．

N● この結果を用いれば，$(D-\alpha)x = \beta$ の特殊解として
$$\tilde{x} = (D-\alpha)^{-1}\beta$$

$$= TD^{-1}T^{-1}\beta$$
$$= e^{D^{-1}\alpha}D^{-1}(e^{-D^{-1}\alpha}\beta)$$

が挙げられるというわけか．実にややこしくておぞましい形だ．

S● ふん，それは君が浅はかだから「おぞましい」と思うのであって，先に書いた図式で考えればきわめて自然なものだ．特に，α が定数のとき，冒頭で触れた「たたみ込み」を使えば簡潔に書ける（が，ここではしない）．とりあえず具体的な例で説明しよう．雨粒の場合だと $\alpha = -k,\ \beta = g$ だから，$D^{-1}\alpha$ として $-kt$ をとれば

$$\tilde{v} = e^{-kt}D^{-1}(e^{kt}g)$$
$$= e^{-kt}\left(\frac{g}{k}e^{kt} + C\right)$$
$$= \frac{g}{k} + Ce^{-kt}$$

となる．

N● 積分定数 C として 0 を選べば，先程行き当たりばったりで見付けた特別解になっているな．

S● そうだ．そしてより一般の，行き当たりばったりでは見付けにくい特殊解も，こうやって見付けることができるというわけだ．

9.4 フォトンを待ちながら

N● よし，ちょうど一区切りついたな．今日はどこで飲むんだ？ さあ，もう行こう．

S● だめだよ．

N● なぜさ？

S● フォトンを待つんだ．

N● ああそうか．うん，ちょっと待て．フォトンってなんだ？

S● フォトンというのは，光子のことだ．光には「粒子的」にふるまう側面があり，その側面を強調するために「光」を表す photo に「粒子」を表す -on をつけて作られた語だ．たぶん．

N● で，それが微分方程式となんの関係があるのか．

S● 大ありだ．線型微分方程式の応用として，これほどの例がまたとあろう

か．光の「粒子的」な側面といったことの例として，たとえば弱い光を感光板なりフォトン・カウンタといわれる検出器で測定すると，光の吸収はポツポツと，いわば「粒子」のようにデジタルに，しかも確率的に起こる，という事実がある．フォトンの到来＝吸収は，偶然的な「出来事」として出来するわけだ．

N● 偶然的ということは，いつ光子がやってくるのかは決まっていないということだな．だが，確率的ということは，たとえばある時間のあいだに光子の吸収が起きる確率なら決まっているということか？

S● まさにその通りだ．さっそく，次の，きわめて実際的な問題を考えてみよう．

問［光子の吸収］

時刻 t までに $X = X(t)$ 個の光子が吸収されるとし，その個数が n である確率を $p_n = p_n(t)$ とする：
$$p_n(t) = P(X(t) = n), \quad n = 0, 1, 2, \cdots.$$
このとき $p_n(t)$ はどんな式で書けるか？

N● 光子の吸収のどこが実際的な問題なんだ．そんなことより九州の仔牛の味について吟味した方がよっぽど有益じゃないか．

S● ふむ，いつもながら大変くだらない言いがかりだが，それはそれとして非常に魅力的な話だな．まあ，光子に限らず，一般に「まばらに，ランダムに訪れるもの」についての話題だと考えてもらって問題ない．たとえば電話の呼び出しだったり，事故の発生件数だったりだ[10]．

N● なるほど．「まばらに，ランダムに」というのはどう定式化するんだ．

S● そのあたりについては次のように仮定しよう．

仮定

1. 2個以上の光子が「同時に」吸収されることはない（その確率を無視できる）．
2. 1個の光子の吸収率 k（単位時間あたりに吸収される確率）は，（時刻にも過去の来歴にもよらず）一定である．

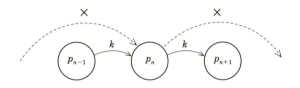

この仮定にもとづけば，確率の数理モデル（確率モデル）として微分方程式

$Dp_0 = -kp_0$

$Dp_n = -kp_n + kp_{n-1}, \quad n \geq 1$

が考えられる[11]．初期条件としては，当然，$p_0(0) = 1$，$p_n(0) = 0$ ($n = 1, 2, 3, \cdots$) で良いだろう．

N ● p_0 については，微分方程式と初期条件とを合わせて $p_0(t) = e^{-kt}$ となることがすぐにわかる．p_1 がみたす微分方程式は

$(D+k)p_1 = kp_0$

となるが，特殊解 $\tilde{p}_1$ としては

$\tilde{p}_1(t) = e^{-kt} D^{-1}(e^{kt} \cdot k e^{-kt})$

$\qquad = e^{-kt} \cdot kt$

が考えられるから，一般解は

$p_1(t) = \tilde{p}_1(t) + Ce^{-kt}$

となる．初期条件 $p_1(0) = 0$ から $C = 0$ で，結局

$p_1(t) = \tilde{p}_1(t) = e^{-kt} \cdot kt$

だな．

S ● 繰り返していけば

$p_n(t) = e^{-kt} \cdot \dfrac{k^n t^n}{n!}$

であることが予想でき，実際，数学的帰納法で証明できる．

結論

$X(t)$ は

$P(X(t) = n) = e^{-kt} \cdot \dfrac{k^n t^n}{n!}$

なる確率分布に従う．これを，パラメータ $\lambda = kt$ の**ポアソン分布**と

呼ぶ．

というわけで，光子の吸収や，先程例に挙げた電話の呼び出しなどはポアソン分布によってモデル化できることがわかった．ところで，任意の時刻において
$$p_0(t)+p_1(t)+\cdots=1$$
だから，得られた表式を使うと
$$1=e^{-kt}+e^{-kt}\cdot kt+e^{-kt}\cdot\frac{k^2t^2}{2!}+\cdots$$
で，ここから
$$e^{kt}=1+kt+\frac{k^2t^2}{2!}+\cdots$$
がわかる．$kt=x$ とすれば
$$e^x=1+x+\frac{x^2}{2!}+\cdots$$
で，これは第5章で得られた展開式だ．

N● ほう，これは素晴らしい．鮮やかな別証明ではないか．

S● うん，素晴らしいだろう，と言いたいところだが，細部まで詰めて考えてみると，次第に自信がなくなってくる．たとえば，「そもそも確率とは何か？」ということが不安になってくるだろう．そうすると，コルモゴロフの本[12]に学びたくなる．コルモゴロフに学ぶと，フェラー[13]を読みたくなる．フェラーを読むと，またコルモゴロフに…．

9.5 だれが光子をみたか

N● そんな不条理な無限ループの話はやめにして，光子の話に戻ろう．いったい光子はいつ来るのだかわからないが，各時刻までの到着はポアソン分布に従うという話だった．

S● うん，そうだ．

N● そうすると，光というのは何か小さな粒のようなものがランダムに飛んでいると考えて良いわけか．

S● いや，それはそうもいかないのだ．たとえば有名な「二重スリットの実

験」というのがあって，何か粒が飛んでいると考えるととても説明がつかないことが知られている．光は「時空的な広がり」を持っているのだ．

N● 時空的な広がりを持っているにも関わらず，吸収するときはあたかも粒子の到着のように，「まばらに，ランダムに」来るのだね．

S● そういうことになる．この事実を，真正面から受け止めて考えようとすれば，「量子場」の概念に至る．

N● でも，「光子はどこにあるか」という確率分布[14]くらいはわかるんだよな．

S● そうだ，といいたいところだが，実はここにも微妙な問題がある．実をいうと，光子に関しては，その「位置」の確率分布すらも，きちんと定義できないことが昔から[15]知られている．しかし，たとえ「純粋な光子」の位置の確率分布はきちんと定義できないとしても，「物質と結合した光子」に関しては，その位置を議論できるから，大丈夫だ[16]．たとえば，ナノ物質と結合した光子は「ドレスト光子[17]」と呼ばれる[18]が，相互作用のおかげでずいぶん「局在化」する．その局在化の度合いを記述するには，また指数関数が重要な役割を果たすのだが，本章の余白はそれを書くには少なすぎる[19]．

N● 要するに，位置というのは，光子自体の属性ではなく，物質と相互作用する中で獲得する属性だというのだな．

S● まさにその通りだ．考えてみれば，誰が「光子自体」を見たことがあるだろうか．現実的なのは，むしろ「物質と結合した光子」ではないのか．何らかの意味で「位置を持つ」ためには，相互作用が必要なのだ．いま思い出したが，この話は，かつてグラスゴー大学（スコットランド）でも講演したことがある[20]．この話がまさかこんな本で役に立つとは思わなかった．

N● なんと，いきなりそんな話をし始めるところを見ると，今回はスコッチウイスキーを飲みたいということだな．

S● 察しが良いな．そのスコットランド滞在の折に聞いたのだが，「ウィスキーの製造工程の99パーセント以上は待つことにある」らしい．研究にも，教育にも，いやむしろすべてに通ずる格言と言えるだろう．

N● こちらまでスコッチが飲みたくなってきた．そうなると，きょうは牡蠣かな．八重洲地下街に面白い店を見つけたんだ．

S● じゃあ，行くか．

N ● ああ，行こう．

二人は動かない[21]．

9.6 演習

(1) 本文中に出た関係式
$$(D-\alpha)(e^{D^{-1}\alpha}f) = e^{D^{-1}\alpha}Df$$
が成り立つことを示せ．

(2) $(D-2)(D-3)x = 0$ の一般解をもとめよ．

註

1) とすれば，この章は，解けない問いへのいらだちで始まると同時に，解説すべきことは何もないという宣言，本書の死または不可能性の告白をもってはじまったことになる．
2) (たぶん)次々章に定義する．
3) ソーシャル・ゲームの略．ソーシャル・ゲームとは何物か，筆者らは寡聞にして知らない．
4) 幾つかの変数を入力として持つような関数について，ある一つの変数だけに関して微分する作用素のこと．
5) 1 は恒等作用素．つまり，「何もしない」作用素．
6) もちろんここでは，入力・出力において「和」や「スカラー倍」(スカラーによる掛け算)が定義されていることが前提となっている．すなわち，作用素 A の入出力が，「線型空間」(ベクトル空間)の要素(ベクトル)となっていることを前提としている．
7) たとえば合成が和を保存することに関しては
$$A \circ B(f+g) = A(B(f+g))$$
$$= A(Bf+Bg)$$
$$= A \circ Bf + A \circ Bg$$
と確かめられる．
8) 原始関数は定数の違いを除いてしか定まらない不定性を持っているので，厳密には D^{-1} はそのうちの一つをとる操作となる．
9) 何度目の宣伝かは忘れたが，圏論については日本評論社刊の『圏論の歩き方』などを参照のこと．
10) ここで取り扱う確率分布の最初の適用例は，Борткевичによるプロイセンでの調査と言われており，著書『Das Gesetz der kleinen Zahlen(少数の法則)』では(確率論の本では陳腐なまでにたびたび引用される)「馬に蹴られて死亡した兵の数」の例などが取り上げられている．
11) これは，式の意味をゆっくり考えれば理解できるはずであるが，もしわかりにくければ，次のように考えてもよい．時間 dt の間に光子は高々1個吸収されるから，$\{p_n(t)\}_{n=0}$ と $\{p_n(t+dt)\}_{n=0}$ との間の関係式が考えられる．1個吸収される確率は kdt だから
$$p_0(t+dt) = (1-kdt)p_0(t)$$
$$p_n(t+dt) = (1-kdt)p_n(t) + kdt p_{n-1}(t), \quad n \geq 1$$
となる(近似的に)．これらはそれぞれ
$$\frac{p_0(t+dt)-p_0(t)}{dt} = -kp_0(t)$$
$$\frac{p_n(t+dt)-p_n(t)}{dt} = -kp_n(t) + kp_{n-1}(t), \quad n \geq 1$$
と変形できる．ここで，dt が 0 の極限を考えると，微分方程式が得られる．
12) 『確率論の基礎概念』．日本語訳は，ちくま学芸文庫で読める．
13) 『確率論とその応用』．何度読んでも楽しく深い本である．日本語では，紀伊國屋書店から翻訳が出ている．
14) つまり，ここらへんに存在する確率はどのくらいかという情報．
15) ニュートン(ニュートン力学のニュートンではない)とウィグナーにより提示され，のちに一般的な枠組み

でワイトマンにより証明された.
16) この方向性で,著者のひとり(西郷)は小嶋泉氏と "Who has seen a free photon?" および "Photon localization revisited" という論文を書いた(いずれもウェブ上で読める). 日本語では,小嶋泉・岡村和弥著『無限量子系の物理と数理』(サイエンス社)の中にこの解説がある.
17) 物質の励起を「まとった」光子ということ.
18) 発見者である大津元一氏らにより精力的に研究・応用されている.たとえば,このドレスト光子の働きのおかげで,(ホウ素を注入した)シリコンに光を当てながら電流を流すことにより,きわめて強い光を放つデバイスを製造できる.
19) 詳しくは,大津元一著『ドレスト光子』(朝倉書店)などを参照のこと.入門書としては同じ著者による『ドレスト光子はやわかり』(丸善プラネット)が個性的で面白い.
20) その講演をした部屋には,かの有名なケルビン卿(あの絶対温度のケルビン)の机があった.
21) 「不条理」を解説するのも野暮の極みではあるが,要するに,『今回はこちらがおごろう』と相手が言い出すのを待っているのだ.

第10章
振動しなけりゃ意味ないね

10.1 2階線型斉次微分方程式

S● さあ月末だ，つまり締切だ．とっとと微分方程式の話の続きをするぞ．
N● 何を馬鹿な．月末ならつい1か月前に来たばかりじゃないか．そう頻繁に訪れてたまるものか．そのようなデマに踊らされてはいけない．
S● 君の言いがかりもどんどんわけのわからないものになっていくなあ．
N● 仕方ないだろう．仕事で疲れているんだ．遊ぶ金欲しさに一時の気の迷いで働き出したが，失敗だったかもしれない．そもそもこちらは給料だけが欲しいのに，なぜか労働までセットで付いてくるのがおかしい．
S● なるほど，悪質な抱き合わせ商法に引っかかってしまったようだな．
N● どうもそのようだ．だが，この生き馬の目を抜くような世の中を生きて行くうちに「なるようになれ」という悟りの境地に達することができた．もうなんでも良いから話を進めてくれ．
S● ほう，それは素晴らしい．第8,9章では，空気中を落下する雨粒の運動方程式を考え，得られる微分方程式：
$$Dv = g - kv$$
の解き方について議論してきた．本章ではバネにつながれた物体の運動について考えよう．ここでも雨粒の場合の空気抵抗と同じく，速度に比例した抵抗が働くとする．
N● それは雨粒の場合と何か違うのか？
S● 雨粒の場合では速度 v と加速度 Dv の関係式ですんでいたのだけれど，バネの場合にはそうはいかない．というのも物体に働くバネの力は，自然長からの変位 x に比例するからだ．つまり，変位 x，速度 $v(=Dx)$，加速度 Dv の間の関係式について考えなければならない．
N● よりややこしい，ということか．
S● その通りだ，よくわかっているじゃないか．早く式を立てるんだ．ちな

みに，バネから受ける力と変位との間の比例定数（バネ定数）には k を使うのが一般的だから k はこちらに使って，抵抗の係数については μ を使おう．どちらも正の定数とする．

N● バネから受ける力は，変位とは逆方向に働く[1]から $-kx$ と表される．抵抗も速度とは逆の向きに働くから $-\mu v$ で，合わせると物体に働く力は

$$-kx - \mu v = -kx - \mu Dx$$

だな．加速度については $Dv = D^2 x$ と表せるから，物体の質量を m とすれば，運動方程式は

$$mD^2 x = -kx - \mu Dx$$

となる．

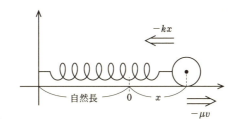

図 10.1　バネにつながれた物体の運動（縮んでいく場合）

S● そうだな．D^2 が現れていることから，こういったものは 2 階の微分方程式と呼ばれている．両辺を m で割って整理すれば

$$(D^2 + bD + c)x(t) = 0, \quad b = \frac{\mu}{m},\ c = \frac{k}{m}$$

という形に落ち着くことがわかるだろう．このように，x でまとめたときに右辺を 0 にできるようなものは斉次（homogeneous）であると呼ばれる．解 x が得られたときに，その定数倍 Cx もまた微分方程式の解であるという均質さを表現した語だな．いろいろ合わせて「2 階線型斉次微分方程式」となる．

N● またややこしいことを．それで，これを解くのか？　前章の演習で

$$(D-2)(D-3)x = 0$$

を解け，というのを出していたが，これが使えそうだな．

S● ほう，さすがは「悟りの境地」に達しただけあって，冴えているじゃな

いか．
$$(D^2+bD+c) = (D-\alpha)(D-\beta)$$
と分解できるとしよう．この分解は，微分作用素 D を変数 t で置き換えて得られる方程式
$$t^2+bt+c = 0$$
の解を求めることで得られる．この方程式は**特性方程式**と呼ばれる．まあ，気持ちとしては，D ひと文字を考えている限り，「普通の代数方程式と変わらず」因数分解できるわけだから[2]，こうやって求めてよいのも「当たり前」かもしれない[3]．ともあれ，こうすると，もとの 2 階微分方程式 $(D-\alpha)(D-\beta)x = 0$ は
$$\begin{cases} (D-\alpha)y = 0 \\ (D-\beta)x = y \end{cases}$$
のように分割できることがわかるだろう．一つ目の微分方程式については，もう何度も見た形で，一般解が $y = Ce^{\alpha t}$ となることがすぐわかる．だから問題は
$$(D-\beta)x = Ce^{\alpha t}$$
を解くことだけだ．

N ● これは前章で調べた形の微分方程式だな．一般解は，特殊解が一つ見付かりさえすれば，それと $(D-\beta)x = 0$ の解との和で表される．後者については先程と同じく $x = C'e^{\beta t}$ で，特殊解 $\tilde{x}(t)$ は前章の結果から
$$\tilde{x}(t) = e^{\beta t}D^{-1}(e^{-\beta t} \cdot Ce^{\alpha t})$$
$$= Ce^{\beta t}D^{-1}(e^{(\alpha-\beta)t})$$
となるな．$\alpha - \beta$ が 0 かそうでないかで特殊解の形が変わるようだな．$\alpha = \beta$，つまり特性方程式が重解を持つ場合は
$$\tilde{x}(t) = Ce^{\beta t}D^{-1}(1) = Cte^{\beta t}$$
で，そうでなければ
$$\tilde{x}(t) = Ce^{\beta t}D^{-1}(e^{(\alpha-\beta)t})$$
$$= Ce^{\beta t} \cdot \frac{1}{\alpha-\beta}e^{(\alpha-\beta)t}$$
$$= \frac{C}{\alpha-\beta}e^{\alpha t}$$
だ．一般解 $x(t)$ は，この特殊解 $\tilde{x}(t)$ を用いて

$$x(t) = \tilde{x}(t) + C' e^{\beta t}$$

と書ける[4]．これで次のことがわかったわけだ．

> **定理**
>
> 微分方程式
> $$(D^2 + bD + c)x(t) = 0$$
> の特性方程式 $t^2 + bt + c = 0$ の解を α, β とする．一般解は，$\alpha \neq \beta$ なら
> $$x(t) = C_1 e^{\alpha t} + C_2 e^{\beta t}$$
> となり，$\alpha = \beta$ なら
> $$x(t) = e^{\alpha t}(C_1 t + C_2)$$
> となる．ここで，C_1, C_2 は初期条件から定まる定数である[5]．

10.2 振動するか否か，それが問題だ

S● 特性方程式が重解を持つかどうかで一般解の形が変わるというのが重要な点だな．解の判定については，高校時代でお馴染みの判別式が使える．今の場合だと $b^2 - 4c$ だ．2次方程式の判別式については，それが0かどうかだけでなく正か負かをよく調べたことと思う．その正負で解が実数か複素数かが判断できるのだった．実は重解を持つかどうかだけでなく，重解を持たない場合に2つの解が実数かどうかについて調べることで，解の様子をより一層詳しく知ることができる．

N● 実数の場合は簡単で，見た通り二つの指数関数の和となる．もとのバネの例に立ち返ると b, c はともに正だから，昔懐かしき「解と係数の関係」から α, β はともに負となることがわかる．そのため解は時間とともに減衰していくことになるな．

S● 解が複素数の場合について調べるため，実数 ξ, η を用いて解を $\xi \pm i\eta$ と表しておこう．ちなみに，解と係数の関係からすぐわかる通り，$\xi = -\dfrac{b}{2}$ だ．この場合，一般解は
$$\begin{aligned} x(t) &= C_1 e^{(\xi + i\eta)t} + C_2 e^{(\xi - i\eta)t} \\ &= e^{\xi t}(C_1 e^{i\eta t} + C_2 e^{-i\eta t}) \end{aligned}$$
と表される．さらに，オイラーの公式を思い出せば，括弧の中身は

$$C_1 e^{i\eta t} + C_2 e^{-i\eta t} = (C_1 + C_2)\cos \eta t + i(C_1 - C_2)\sin \eta t$$

と変形できるので，結局
$$x(t) = e^{-\frac{b}{2}\cdot t}(A \cos \eta t + B \sin \eta t)$$
となる．括弧の中身は振動を表し，それに $e^{-\frac{b}{2}\cdot t}$ が掛けられている形だ．この項は $b > 0$ なら時間とともに減衰し，一般解は減衰振動を表すことになる．$b = 0$ なら減衰しない振動で，これを**調和振動子**と呼ぶ．さて，これまでわかったことを，もとのバネの設定で述べれば次のようになる．

定理

抵抗のあるバネの運動を表す微分方程式
$$(mD^2 + \mu D + k)x(t) = 0$$
について，$\mu^2 - 4mk \geqq 0$ なら物体の変位は 0 に向かって，つまりバネが自然長の状態に向かって減衰する．$\mu^2 - 4mk = 0$ の場合を**臨界減衰**と呼ぶ．$\mu^2 - 4mk < 0$ なら物体は振動する．その振幅は $\mu = 0$ なら変化せず，$\mu > 0$ なら時間とともに減衰する．$\mu = 0$ の場合を**調和振動子**と呼ぶ．

N ● 要は，

抵抗がなければ（$\mu = 0$ なら）物体は振動し，あればいずれバネが自然長の状態に戻る．その戻り方は抵抗とバネとの間の強弱で決まり，抵抗の方が強ければずるずると戻っていき，バネの方が強ければ振動しながら戻っていく．

ということだな．

10.3 外力があるとどうなる

S ● さて，バネをめぐる議論の締めくくりとして，バネと抵抗だけでなくさらに周期的な外力（外から加えられた力）が加えられた場合の運動について考えてみよう．ブランコを押しているような状況を思い浮かべてくれれば良い[6]．

N● ひとまず外力を F とすれば，運動方程式は
$$(mD^2+\mu D+k)x(t) = F$$
となるな．

S● 話を単純にするため，抵抗は働かないものとしよう．また外力 F については，加速度を $\gamma \sin \omega t$ だとして，
$$F = m\gamma \sin \omega t \quad (\omega > 0)$$
と置こう．

N● なんだ γ って．突然出てきたな．

S● まあ，細かい話になるが，$m \sin \omega t$ だと右辺の「量の次元」が質量になってしまって個人的に気持ち悪いからそれを調整する適当な係数を持ってきているんだ．ともかく，このとき運動方程式は（両辺を m で割ると）
$$(D^2+\omega_0^2)x(t) = \gamma \sin \omega t$$
と整理できる．ここで $\omega_0 = \sqrt{\dfrac{k}{m}}$ とおいた．斉次微分方程式
$$(D^2+\omega_0^2)x(t) = 0$$
の一般解は
$$x(t) = A\cos \omega_0 t + B \sin \omega_0 t$$
の形だということは既に見たから，あとは特殊解がわかれば良い．

N● バネの場合と同じように
$$D^2+\omega_0^2 = (D+i\omega_0)(D-i\omega_0)$$
と因数分解して
$$\begin{cases}(D+i\omega_0)y = \gamma \sin \omega t \\ (D-i\omega_0)x = y\end{cases}$$
と分割すれば良さそうだな．一つ目の微分方程式の特殊解 $\tilde{y}(t)$ は
$$\tilde{y}(t) = e^{-i\omega_0 t}D^{-1}(e^{i\omega_0 t}\cdot \gamma \sin \omega t)$$
で，なんともめんどうな形じゃないか．

S● これは $\sin$ を指数関数で表した方が良さそうだな．変形すると
$$\tilde{y}(t) = e^{-i\omega_0 t}D^{-1}\left(e^{i\omega_0 t}\cdot \gamma \frac{e^{i\omega t}-e^{-i\omega t}}{2i}\right)$$
$$= \gamma \frac{e^{-i\omega_0 t}}{2i}D^{-1}(e^{i(\omega_0+\omega)t}-e^{i(\omega_0-\omega)t})$$
となる．$\omega_0 = \omega$ の場合，括弧の中の二つ目の指数関数が 1 になってしてしまうから，これは後で考えるとして，ひとまず $\omega_0 \neq \omega$ として話を

進めよう．指数関数の不定積分を求める問題に変形できたから，後は簡単だな．

N● 整理すると
$$\tilde{y}(t) = -\frac{\gamma e^{i\omega t}}{2(\omega_0+\omega)} + \frac{\gamma e^{-i\omega t}}{2(\omega_0-\omega)}$$
となる．二つ目の微分方程式から特殊解 $\tilde{x}(t)$ は
$$\begin{aligned}\tilde{x}(t) &= e^{i\omega_0 t} D^{-1}(e^{-i\omega_0 t}\tilde{y}(t))\\ &= e^{i\omega_0 t} D^{-1}\left(-\frac{\gamma e^{-i(\omega_0-\omega)t}}{2(\omega_0+\omega)} + \frac{\gamma e^{-i(\omega_0+\omega)t}}{2(\omega_0-\omega)}\right)\\ &= e^{i\omega_0 t}\cdot\frac{\gamma}{2}\left(\frac{e^{-i(\omega_0-\omega)t}}{i(\omega_0^2-\omega^2)} - \frac{e^{-i(\omega_0+\omega)t}}{i(\omega_0^2-\omega^2)}\right)\\ &= \frac{\gamma}{2i(\omega_0^2-\omega^2)}(e^{i\omega t} - e^{-i\omega t})\\ &= \frac{\gamma}{\omega_0^2-\omega^2}\sin\omega t\end{aligned}$$

と求められる．計算途中とは打って変わって，妙に単純な形に落ち着いたな．

S● たしかに．不安なら別の手法でも特殊解を求めてみよう．今行ったのは，定理を用いて計算していく「誰でも実行し得る」という意味できわめて民主的な手法だ．だが前章でも注意したように，特殊解というものは見付かればそれで良いものなので，たとえば微分方程式を眺めている最中に天啓を得て，特殊解が $C\sin\omega t$ の形をしているのではないかと思い至ったとしよう．微分方程式が振動を表すもので，外力もまた振動しているのだから，まあそれほど突飛なアイデアでもない．これに $D^2+\omega_0^2$ を作用させると
$$(D^2+\omega_0^2)C\sin\omega t = C(\omega_0^2-\omega^2)\sin\omega t$$
となるから，$C = \dfrac{\gamma}{\omega_0^2-\omega^2}$ と選べば，問題の微分方程式をみたす．そしてこれは今し方求めたものと同じだ．閃けば簡単に，そうでなければ地道に，というわけだ．

N● なるほど．これで一般解は
$$x(t) = \frac{\gamma}{\omega_0^2-\omega^2}\sin\omega t + A\cos\omega_0 t + B\sin\omega_0 t$$
だと求められた．

S● 初期条件としては，原点で静止している状態，つまり $x(0)=0$, $Dx(0)=0$ を考えよう．前者の条件からは

$$0 = A$$

が従う．また，$x(t)$ を微分して後者の条件を適用すれば

$$0 = \frac{\gamma\omega}{\omega_0^2-\omega^2} + B\omega_0$$

が得られる．よって解は

$$x(t) = \frac{\gamma}{\omega_0^2-\omega^2}\left(\sin\omega t - \frac{\omega}{\omega_0}\sin\omega_0 t\right)$$

となる．解の形からもあからさまに $\omega \neq \omega_0$ でなければならないことがよくわかるが，特殊解の導出に戻って $\omega = \omega_0$ の場合について考えてみよう[7]．

N● この場合，$\tilde{y}(t)$ は

$$\tilde{y}(t) = -\frac{\gamma}{4\omega_0}e^{i\omega_0 t} + \frac{i\gamma}{2}te^{-i\omega_0 t}$$

となる．なんやかんやと計算を進めて行けば，$\tilde{x}(t)$ は

$$\tilde{x}(t) = -\frac{\gamma}{2\omega_0}(t+i\omega)\cos\omega_0 t - \frac{\gamma}{2}\sin\omega_0 t$$

と求められるな．あとは先程と同様に初期条件から A, B を定めれば，解は

$$x(t) = \frac{\gamma}{2\omega_0^2}(\sin\omega_0 t - \omega_0 t\cos\omega_0 t)$$

と書ける．

S● $\cos$ には t が係っているところが重要な点だ．これは振れ幅が時間とともに増大することを意味している．ブランコを例にとれば「上手く押していれば大きく揺らすことができる」と言い換えることができる．ブランコなら大きく揺らしすぎたときには押すのを止めれば良いが，調整できない外力，たとえば風や波が相手の場合，これは非常に大きな問題となる．実際，過去には風によって崩壊した橋の例もある．

N● めずらしく，役に立つ数学の話ができたな．

10.4 非線型な世界へ

S● さて微分方程式の話もいよいよ大詰めだ．今まで，一般解を求めるときに特殊解と付随する斉次微分方程式の解との和を求めていたが，そもそもこんなことをして良いのは，微分方程式が線型だからで，斉次微分方程式が，もとの微分方程式の解の自由度を担っていたからだ．裏にある原理をきちんと述べれば次の通りになる．

> **定理（重ね合わせの原理）**
> x_1, x_2 が線型斉次微分方程式 $Ax=0$ の解であるとき，定数 C_1, C_2 を用いて $C_1 x_1 + C_2 x_2$ と表される関数もまた解である．

この「重ね合わせの原理」はきわめて重要なものであり，次章でその発展について述べようと思うが，証明自体は，A の線型性から明らかだな．だがしかし，すでに第8章で見たように，すべての微分方程式が都合良く線型であるわけではない．それでもなお，中にはなんらかの変形を考えることで線型微分方程式に帰着できる都合の良い非線型微分方程式も存在している．

N● 「都合が悪そうで都合が悪くない少し都合が悪い微分方程式」というわけか．

S● なんだそれは．ここでは第8章で扱ったロジスティック・モデル

$$\frac{dx}{dt} = rx\left(1 - \frac{x}{K}\right)$$

を再訪しよう．これは，第9章で君が指摘した通り，x^2 の項を含んでいるから線型でなく，重ね合わせの原理を用いることはできない．だが，両辺を x^2 で割ると

$$\frac{1}{x^2} Dx = r \cdot \frac{1}{x} - \frac{r}{K}$$

となって，$\frac{1}{x}$ が主役になりそうな式となる．実際，左辺は $D(t^{-1}) = -t^{-2}$ であることと合成微分の公式から

$$\frac{1}{x^2} Dx = -D\left(\frac{1}{x}\right)$$

と変形でき，$u = \dfrac{1}{x}$ とおけば u についての線型微分方程式

$$-Du = ru - \frac{r}{K}$$

が得られる．

N● 変形すれば

$$(D+r)u = \frac{r}{K}$$

で，既に第9章で論じた雨粒の場合とまったく同じ形だな．特殊解は定数の範囲で見付けられて $\left(\tilde{u}(t) = \dfrac{1}{K}\right)$，一般解は

$$u(t) = \frac{1}{K} + Ce^{-rt}$$

で，初期条件 $u(0) = u_0 = \dfrac{1}{x_0}$ を考えると

$$u(t) = \frac{1}{K} - \left(\frac{1}{K} - \frac{1}{x_0}\right)e^{-rt}$$

となる．これを x に直すと

$$x(t) = \frac{1}{u(t)} = \frac{K}{1 + \dfrac{K - x_0}{x_0}e^{-rt}}$$

と，第9章で求めたものと同じ解が得られる．

S● めでたしめでたしというわけだ．おっとしまった，もうこんな時間か．今回は不覚にも「真面目な数学の話」をしてしまったな．

N● 謹厳実直な我々二人の地金が出てしまったといえよう．

S● 振動の話だったというのに，対話にスウィングというものがなく，それではなんの意味もない．

N● そう言えば酒の話もしていなかったな．本章だけは，「禁酒法」の時代でも出版できる．

S● 最近知ったのだが，あの禁酒法というのは，「労働者が酒を飲むと勤労意欲が減衰する」，「酒は人類最大の敵」とされたかららしい．

N● たしかにそうかもしれない．だが主イエス・キリストは言われたではないか，「汝の敵を愛せよ」と[8]．

S● その崇高な意志が減衰せぬうち，すみやかにワインでも飲みに出かけよ

う．

10.5 演習

(1) 第 10.1 節の内容を基に，n 階の微分方程式について，その特性方程式が重解を持たない場合に一般解がどのように表されるか考察せよ[9]．

(2) 2 以上の自然数 n について
$$\frac{dy}{dx} + p(x)y = q(x)y^n$$
の形で表される微分方程式をベルヌーイ型の微分方程式と呼ぶ[10]．両辺を y^n で割って適当な変数変換を行うことによって，線型微分方程式に変形し，これを解け．

註

1) 伸びていれば縮む方向に，つまり変位が正なら力は負の方向に働く．
2) とはいえ，もちろんその因数分解から即座に $D = \alpha, \beta$ などと結論できないのはもちろんのことである．というのも，実数や複素数においては，$ab = 0$ ならば「$a = 0$ あるいは $b = 0$」が成り立つ（こういうことが成り立つ世界を「整域」と呼ぶ）が，作用素を含めた世界ではそうはいかないのである．
3) この「当たり前」をちゃんと言い表すには，「可換環」(可換代数) という概念が必要になる．
4) 二つの場合が「連続的」につながっているかを考えてみるとよい：$\alpha \neq \beta$ で α, β を充分に近づけると，$\alpha = \beta$ の場合に充分近くなるだろうか？
5) $\alpha \neq \beta$ の場合について考える．初期条件 $x(0) = x_0$, $v(0) = v_0$ が与えられている場合，まず位置についての条件から
$$C_1 + C_2 = x_0$$
でなければならない．また，一般解を微分すると速度についての表示が得られるから
$$\alpha C_1 + \beta C_2 = v_0$$
となる．あとはこれらから C_1, C_2 を決定すれば良い．
6) ブランコ自体はバネとは異なっているが，揺れ幅が小さい場合，その運動はバネにつながれた物体の運動で近似できる．
7) 「ちょうど $\omega = \omega_0$」などという状況はあまりに特殊だと考える読者もいるであろう．実は，この状況は，$\omega \neq \omega_0$ として ω を ω_0 に「充分近づけた」場合と「充分に近い」(連続性!)．読者自ら試みられたい．
8) この切り返しは，聞くところでは，フランコ・シナトラによるものであるらしい．
9) 代数学の基本定理により，特性方程式は n 個の解を持つので，n 個の
$$(D - \alpha)x = f(t)$$
を順に解くことになる．
10) n が 0 や 1 の場合は，既に扱った線型微分方程式となっている．

第11章
心がたたみ込みたがってるんだ。

11.1 たたみ込みを希う心

S● このワインは野性味のある面白い香りだな．

N● ああ，田舎の漬物のようだな．

S● なに？ まあ良い．こちらはどうだ，古木がしっかり根を張っているらしく，ミネラルの味わいが深い．

N● 確かに．まるでチョークを食べているかのようだ．

S● なんなんだ君は，さっきから．もう少しまともな言葉遣いができないのか．

N● 君こそ，その物言いはなんだ．ポッシュでスノビッシュで実にけしからん．

S● ふさわしい言葉を選んでいるだけだ，まったく．もう良い．本章はこのワインの香りのような「余韻」をどう扱えば良いかを考えよう．とはいえ，香りは相手にするにはいささか手ごわいので，代わりに音の響きについて考えてみよう．通常我々が耳にする音は，オリジナルの音そのものではなく，部屋の壁などに当たって生じた反射音などの残響を含んだものとなっている．それに，今この時点で聞こえる音は，過去に発生した音の残響が含まれているだろう．

N● つまり，現時点 t で聞こえる音は，それより過去の各時点 τ に発生した音の残響たちの重ね合わせということだな．

S● 「重ね合わせ」は積分で表現することにしよう．「過去の時点 τ に発生した音」を $f(\tau)$ として，現時点 t における $f(\tau)$ の残響は，τ から t に至る残響の特性 $H(\tau, t)$ を用いて $f(\tau)H(\tau, t)$ と表されるものとする．

N● となると，過去のどの時点から影響を考えるかによるが，無限の過去からの残響も含めたければ，現時点 t で聞こえる音は

$$\int_{-\infty}^{t} f(\tau)H(\tau,t)d\tau$$

と表される[1]な.

S● $H(\tau,t)$ についてはもう少し仮定をおこうか.これは残響の特性を表すものだから,壁などの構造が変わらなければ,その時点 τ で音が発生していようとも経過時間 $t-\tau$ が同じなら等しい値を返すはずだ.たとえば,1分前から計った1秒間と,10秒前から計った1秒間とで,それぞれの1秒が経過した後での残響の特性は同じものになるだろうということだ.

N● 要は,始点と終点とで決まる2変数関数としていた $H(\tau,t)$ が,経過時間 $t-\tau$ だけの関数として

$$H(\tau,t) = h(\tau-t)$$

のように表されてほしいということか[2].こうすると

$$\int_{-\infty}^{t} f(\tau)h(t-\tau)d\tau$$

となるな.

S● 最終的に得られたこの形の積分は,関数の**たたみ込み**,または**合成積**と呼ばれる非常に重要な概念だ.

> **定義**
>
> 関数 x, y に対して新たな関数 $x*y$ を
> $$x*y(t) = \int_{-\infty}^{\infty} x(\tau)y(t-\tau)d\tau$$
> で定め[3],x と y とのたたみ込み,または合成積と呼ぶ[4].

合成「積」というだけあって,このたたみ込みの演算は通常の積と同様の性質をみたす.たとえば,結合律

$$x*(y*z) = (x*y)*z$$

が成り立つ[5]し,積分の線型性から分配律

$$x*(y+z) = x*y+x*z$$

も成り立つ.こうして,たたみ込みを「積」とする「代数」を考えることができるわけだ.しかもこの積は,

$$x*y = y*x$$

すなわち「可換」でもある．これは変数変換（置換積分）を考えればわかる．さて，「関数 y とのたたみ込みをとる」という操作を L_y とすれば，これは次の二つの性質をみたすことがわかる：

線型性

定数 c_1, c_2，関数 x_1, x_2 に対して
$$L_y(c_1 x_1 + c_2 x_2) = c_1 L_y x_1 + c_2 L_y x_2$$
が成り立つ．

時不変性

実数 τ に対して，シフト作用素 S_τ を $S_\tau x(t) := x(t-\tau)$ で定めたとき，任意の τ に対して
$$L_y S_\tau = S_\tau L_y$$
が成り立つ．

こういった性質を持つ変換は**線型時不変(LTI)システム**と呼ばれ，さまざまな分野で取り扱われている．入力 x に対して $x*y$ を返すシステム L_y は LTI なわけだが，実は両者の間にはもっと深い関係がある．これを探るために，LTI システム L の「線型性」の部分をより強い要請に代えておこう．

強い線型性

定数の族 $\{c_\tau\}$，関数の族 $\{x_\tau\}$ に対して
$$L\left(\int_{-\infty}^{\infty} c_\tau x_\tau d\tau\right) = \int_{-\infty}^{\infty} c_\tau L x_\tau d\tau$$
が成り立つ[6]．

このような強い線型性を持つ LTI にたたみ込み $x*y$ を入力しよう．たたみ込みの定義を見直すと，x が定数の族 $\{c_\tau\}$ の役割を担っているから
$$\begin{aligned} L(x*y)(t) &= L\int_{-\infty}^{\infty} x(\tau)(y(t-\tau))d\tau \\ &= \int_{-\infty}^{\infty} x(\tau) L(y(t-\tau))d\tau \end{aligned}$$

となる．時不変性から
$$L(y(t-\tau)) = LS_\tau y(t) = S_\tau Ly(t) = (Ly)(t-\tau)$$
と変形できるので，
$$L(x*y) = x*Ly$$
がわかる．さてここで，先程も述べた通りたたみ込みは合成「積」とも呼ばれるぐらいだから，通常の積と同じく単位元があってほしいではないか．あってほしいので，あるとして，それをδとおこう．すると
$$Lx = L(x*\delta) = x*L\delta$$
となる．

N● なんだか無茶苦茶な進め方だなあ．このデルタとやらを考えてどうしようというんだ．

S● これが意味するところは，出力Lxを知るために実際に入力を行う必要がないということだ．その代わりに単位元δに対する出力$L\delta$さえ知っていれば，入力xとのたたみ込みとして計算できる．

N● そんなものケチらずに入力すれば良いじゃないか．

S● すまない，語彙が不足していて，他人の浅慮を指摘する礼儀正しい言い方を知らないから何も言えないんだ．たとえば，どこか感じの良い大聖堂があったとして，そこでの音の響きを，$L\delta$さえ計測しておけば，あとからいくらでもシミュレートできるというわけだ[7]．

N● なるほど，それは便利そうだな．なんでもかんでも大聖堂に持ち込めるわけではないし．だがそもそも，デルタは存在するのか？

S● 「存在」をどう捉えるかによるな．まずはδがどうあるべきかについて考えよう．δは$x*\delta = x$をみたしてほしいのだから，任意の時刻aにおいて
$$\int_{-\infty}^{\infty} x(\tau)\delta(a-\tau)d\tau = x(a)$$
となってほしい．これは$f(t) = x(-t)$，$t = -\tau$という時間反転を考えればば
$$\int_{-\infty}^{\infty} f(t)\delta(t-a)dt = f(a)$$
となる．つまり$\delta(t-a)$は，関数fに掛けて積分すると，点aでの値$f(a)$を抽出できる関数だということだ．あるいは，「関数fに対して数

$f(a)$ を対応させるような線型作用素を積分表示した際に現れるもの」と言い換えても良いだろう.

N● $\delta(t)$ 自身は原点での値を抜き出す作用に対応しているな. 積分結果は $f(0)$ だけに関係しているから, 原点以外の $f(t)$ による影響は消えてほしい. つまり
$$\delta(t) = 0, \quad t \neq 0$$
か. また, 特に f として定数関数 1 を考えれば
$$\int_{-\infty}^{\infty} \delta(t) dt = 1$$
もわかるな.

S● まとめると,「原点以外で値をとらないが, 積分すると 1 になるもの」というわけだ.

N● なんだそれは, そんなもの関数と呼べるのか.

S● 普通の定義では呼ばないだろうな. たとえばこういった δ を量子力学の定式化に用いたディラックは「広義の関数(improper function)」と呼んでいた[8]. δ を含む「広義の関数」の定式化については後でゆっくり考えるとして, ここでは関数列による「δ の近似」を考えてみよう.「原点以外で値をとらない」せいで関数として奇妙なものになってしまっていたので, これを緩めて, 連続関数の列 $\{\delta_n\}$ を, $\delta_n(t) \geqq 0$ で, $\int_{-\infty}^{\infty} \delta_n(t) dt = 1$ であり, また任意の $\varepsilon > 0$ に対して
$$\lim_{n \to \infty} \int_{|t| \geqq \varepsilon} \delta_n(t) dt = 0$$
が成り立つものとして定めよう[9]. すると, ある種の適切な条件をみたす関数 f について, $f * \delta_n$ が(対応する適切な意味で) f に収束することがわかる[10]. つまり, この意味で δ_n は δ を近似しているということだ. 音の話に戻れば, 銃声などの非常に短い時間にのみ存在する鋭い破裂音に対する応答 $L\delta_n$ を調べれば, 理想的な $L\delta$(インパルス応答と呼ばれる)に対する良い近似になっている.

N● だが大聖堂で銃を発射するのは危険ではないか.

S● たとえばだと言っているだろうが. それに, 充分速く動いて弾が何かにあたる前に回収すれば問題ない.

N● 音響学というのもなかなか大変な学問なのだな.

11.2 システムの形がきこえますか？

S ● さてここまでで，LTIシステムと関数とがたたみ込みを通じてつながっていることを見てきた．まとめると，LTIシステムLにはインパルス応答という関数$L\delta$が対応し，関数fにはfとのたたみ込みを返すシステム$L_f = f *\cdot$が対応しているということだ．せっかく音の話をしているのだし，それにこの本は『指数関数ものがたり』なのだから，前章で話題に出た調和振動子に対応するいわゆる「単振動」$x_\nu(t) = e^{2\pi i \nu t}$を入力したときのシステムの応答について調べよう．ここでνは，「単位時間当たり何回振動するか」を表す量[11]であり，「振動数」あるいは「周波数」と呼ばれる[12]．

N ● 計算すると

$$L_f x_\nu(t) = \int_{-\infty}^{\infty} f(\tau) e^{2\pi i \nu (t-\tau)} d\tau$$

$$= e^{2\pi i \nu t} \int_{-\infty}^{\infty} f(\tau) e^{-2\pi i \nu \tau} d\tau$$

$$= x_\nu(t) \int_{-\infty}^{\infty} f(\tau) e^{-2\pi i \nu \tau} d\tau$$

となるな．最後の積分は，fとνだけで決まる定数だ．

S ● その部分は**周波数特性**と呼ばれている．$\hat{f}(\nu)$と表すことにしよう．すると

$$L_f x_\nu = \hat{f}(\nu) x_\nu$$

とまとめられる[13]．「線型代数」的な言いまわしでいえば，単振動x_νはシステムL_fの固有ベクトルで，付随する固有値は$\hat{f}(\nu)$だということだ．さまざまな振動数νに対して，$\hat{f}(\nu)$の情報を集めて行けば，システムを規定するfについての情報が得られると期待できるだろう．実際これは正しく，次の定理が成り立つことが知られている．

定理[フーリエ反転公式]

適当な条件のもとで[14]関数fとその周波数特性$\hat{f}$とは一対一に対応しており，$\hat{f}$からf自身を

$$f(t) = \int_{-\infty}^{\infty} \hat{f}(\nu) e^{2\pi i \nu t} d\nu$$

として復元できる．$f \mapsto \hat{f}$ の変換

$$\hat{f}(\nu) = \int_{-\infty}^{\infty} f(t) e^{-2\pi i \nu t} dt$$

を**フーリエ変換**と呼び，変換 $F \mapsto \tilde{F}$

$$\tilde{F}(t) = \int_{-\infty}^{\infty} F(\nu) e^{2\pi i \nu t} d\nu$$

を**フーリエ逆変換**と呼ぶ．また，$\hat{f}$ や $\tilde{F}$ そのものを，それぞれ f のフーリエ変換，F のフーリエ逆変換とも呼ぶ[15]．

要は，f は「きこえる」ということだ[16]．さて，関数が単振動の重ね合わせで書けることがわかったから，次は g を L_f に入力したらどうなるか調べよう．

N● $g(t) = \int_{-\infty}^{\infty} \hat{g}(\nu) x_\nu(t) d\nu$ と表せば

$$L_f g(t) = \int_{-\infty}^{\infty} \hat{g}(\nu) L_f x_\nu(t) d\nu$$

$$= \int_{-\infty}^{\infty} \hat{g}(\nu) \hat{f}(\nu) x_\nu(t) d\nu$$

となるので，$L_f g = f * g$ と合わせれば $\widehat{f * g}(\nu) = \hat{f}(\nu) \hat{g}(\nu)$ だな．つまり，たたみ込みはフーリエ変換によって点ごとの積に移るというわけか．

S● そうだ．これは後でみるように，フーリエ変換の本質を規定する性質だ．ところで $L_f x_\nu = \hat{f}(\nu) x_\nu$ の両辺を ν で積分すると，右辺は反転公式によって f となるが，左辺は

$$\int_{-\infty}^{\infty} L_f x_\nu(t) d\nu = L_f \int_{-\infty}^{\infty} x_\nu(t) d\nu$$

と変形できる．そもそも定義できるかもわからない正体不明のこの積分を $X(t)$ とすれば $L_f X = f$ ということだ．左辺は $L_f X = f * X$ だったから，これは $X = \delta$ ということにほかならない．こうして δ の積分表示

$$\delta(t) = \int_{-\infty}^{\infty} x_\nu(t) d\nu = \int_{-\infty}^{\infty} e^{2\pi i \nu t} d\nu$$

が得られた．

N● いつにも増して乱暴な進め方じゃないか．つまりデルタは，あらゆる振動数の単振動の重ね合わせだと？

S● そうだ．通常の関数 f だと周波数 ν ごとの重み $\hat{f}(\nu)$ がかかるのだけれ

ど，δ はすべての周波数に対して重み 1 がかかっていると読める．言い換えれば $\hat{\delta} = 1$ だ．また，この積分は $\check{1}$ そのものだから $\check{1} = \delta$ ともいえる．まあとにかく，次のことがわかった．

定理

フーリエ変換によってたたみ込みは点ごとの積に移る．また，δ は 1 に移る．

N ● まあわからなくもないが，いくらなんでももう少しちゃんとやってもらわないとなあ．

S ● ふん，面倒なことを．まあ良いだろう．鍵となるのはガウス積分

$$\int_{-\infty}^{\infty} e^{-x^2} dx = \sqrt{\pi}$$

だ（演習(2)）．$\sigma > 0$ に対して関数 f_σ を

$$f_\sigma(t) := \frac{1}{\sqrt{2\pi}\sigma} e^{-\frac{t^2}{2\sigma^2}}$$

で定めれば，$\int_{-\infty}^{\infty} f_\sigma(t) dt = 1$ であることが変数変換によってわかる．これは，「平均 0，分散 σ^2 の正規分布の確率密度関数」という大変由緒正しいものなのだが，詳しくは次章（次章はもう最終章なのだ！）に譲ろう．実は $\delta_n = f_{\frac{1}{n}}$ とおくと，これは δ の近似列となる[17]．そこで f_σ をフーリエ変換するとどうなるかについて，$\widehat{f_\sigma}$ がみたす微分方程式を考えることによって調べて行こう．

N ● $\widehat{f_\sigma}$ の微分は，積分記号下での微分法，つまり適当な条件のもとで微分と積分の順序が交換できる[18]ことに基づけば

$$\frac{d}{d\nu} \widehat{f_\sigma}(\nu) = \int_{-\infty}^{\infty} f_\sigma(t) \frac{d}{d\nu} e^{-2\pi i \nu t} dt$$

$$= -2\pi i \int_{-\infty}^{\infty} t f_\sigma(t) e^{-2\pi i \nu t} dt$$

と変形できる．f_σ の微分を計算すると

$$Df_\sigma(t) = -\frac{t}{\sigma^2} f_\sigma(t)$$

だから，

$$\int_{-\infty}^{\infty} t f_\sigma(t) e^{-2\pi i \nu t} dt = [-\sigma^2 f_\sigma(t) e^{-2\pi i \nu t}]_{t=-\infty}^{t=\infty} + \sigma^2 \int_{-\infty}^{\infty} f_\sigma(t) \frac{d}{dt} e^{-2\pi i \nu t} dt$$

$$= -2\pi i \sigma^2 \nu \widehat{f_\sigma}(\nu)$$

で，結局

$$\frac{d}{d\nu}\widehat{f_\sigma}(\nu) = -4\pi^2 \sigma^2 \nu \widehat{f_\sigma}(\nu)$$

だな．初期条件 $\widehat{f_\sigma}(0)$ については，フーリエ変換の定義から $\int_{-\infty}^{\infty} f_\sigma(t)dt$ に等しいけれど，これは先に見たとおり 1 だ．以上より（微分方程式を解くことで）

$$\widehat{f_\sigma}(\nu) = e^{-2\pi^2 \sigma^2 \nu^2}$$

とわかる．

S● $\sigma \to 0$ の極限で f_σ は δ に「収束」する一方，$\widehat{f_\sigma}$ の表式で $\sigma = 0$ とすれば 1 となる．$\widehat{\delta} = 1$ というのは，このことと整合的だな．せっかくだから図式で書いておこう．フーリエ変換を $\mathcal{F}$ とすると

$$\begin{array}{ccc} f_\sigma & \xrightarrow{\sigma\to 0} & \delta \\ {\scriptstyle \mathcal{F}}\downarrow & & \downarrow{\scriptstyle \mathcal{F}} \\ \widehat{f_\sigma} & \xrightarrow{\sigma\to 0} & 1 \end{array}$$

ということだ[19]．ここで先ほど得られた $\widehat{f_\sigma}$ の形を見れば，これは平均 0，分散 $\dfrac{1}{4\pi^2 \sigma^2}$ の正規分布の確率密度関数と（係数を除いて）一致している．標語的にいえば，「フーリエ変換は正規分布を正規分布に移す」わけだ．さらにフーリエ変換前後の分散を見れば，「片方の散らばり具合を小さくすれば，もう片方の散らばり具合は大きくなる」ということもわかる．これは量子論における「不確定性原理」にも関連する重要な性質だ．

N● 酒についての本のわりには，量子論などという，世界観の偉大な変革の話にまでつながってしまったな．

11.3 ゲルファント変換

S● 世界観の変革ということになると，ここで「ゲルファント変換」について話さずにはいられないな．本来「位相」の話もちゃんとしていないのにゲルファント変換の話ができるわけがないのだが，まあ「お話」と思って聞いてくれ．

N● 指数関数「ものがたり」だからな．

S● まず,先のフーリエ変換の定義式,つまり,周波数特性を計算する式をもう一度眺めてみよう.

$$\hat{f}(\nu) = \int_{-\infty}^{\infty} f(t)e^{-2\pi i \nu t}dt$$

ここで,「各 f に対し周波数 ν に関する周波数特性を対応させる」という**汎関数**(関数など「数値と限らないもの」を入力とし数値を出力とする関数),すなわち $f \mapsto \hat{f}(\nu)$ を,周波数 ν と「自然に同一視」すると

$$\hat{f}(\nu) = \nu(f)$$

という印象的な式となる.

N● 定義したからそうなんだろう.それがどうした.

S● 何と察しの悪い.ここには既にゲルファント変換としてのフーリエ変換の姿が現れているというのに.今し方「自然に同一視」とさらりと言ったが,右辺における ν は「f を測るもの＝汎関数」であり,左辺においては「f によって測られるもの＝点」となっている.

N● なんだややこしい.そもそも「汎関数」と「点」とではかなり違っているじゃないか.

S● ところがそうでもないのだ.空間[20] X に対して,$C(X)$ を「X の点を入力とし複素数を出力とする関数たちの空間」とし,和,スカラー倍,積[21]の構造を考えて一種の代数とみなそう.この $C(X)$ のようなものを X 上の**関数環**と呼んでいる[22].さて,いま,X の点 p を一つ固定したとき,先程から言っているように「点」p は「各関数 f を入力とし,p での値 $f(p)$ を出力とする汎関数」p とみなせる.つまり,汎関数 p を $p(f) := f(p)$ で定めるわけだ.これが「点」と「汎関数」の間の「自然な同一視」ということだ.そして,単なる汎関数であるばかりでなく,「線型であり積構造を保つ汎関数」となっている[23].

N● つまり,空間 X を,代数 $C(X)$ の上の「線型であり積構造を保つ汎関数」の集合として捉えなおせるということなのだな.主客というか,「作用するもの」と「作用されるもの」とが入れ替わるわけで,これが「双対性」というやつか.関数が点に作用するとき,点もまた等しく関数に作用しているのだなあ.

S● そうだ,関数を扱う者は心しなければならない.こう考えると,次の偉大な思想に導かれる:

（関数環とはかぎらない）代数 $\mathcal{A}$ を，ある空間 $\Delta_\mathcal{A}$ 上の関数環 $C(\Delta_\mathcal{A})$ において「表現」できる．

というのも，$\Delta_\mathcal{A}$ として「$\mathcal{A}$ 上の線型であり積構造を保つ汎関数[24]の集合」を考え，各 $a \in \mathcal{A}$ に対し $\hat{a} \in C(\Delta_\mathcal{A})$ を

$$\hat{a} : \psi \in \Delta_\mathcal{A} \mapsto \hat{a}(\psi) = \psi(a)$$

として定義すれば，a を $\hat{a}$ へと移す変換 $\hat{} : a \mapsto \hat{a}$ を通じて，（関数環とはかぎらない）代数 $\mathcal{A}$ の話を関数環 $C(\Delta_\mathcal{A})$ での話に自然に**翻訳**できる，すなわち「表現」できるからだ．この $\hat{}$ を**ゲルファント変換**という．$\mathcal{A}$ として（通常の関数の積 $f \cdot g$ ではなく）「たたみ込み $f * g$」を積とした「代数」を考えた場合がフーリエ変換であり，例の「汎関数」＝「点」ν たちの集合がちょうど $\Delta_\mathcal{A}$ に当たっている．

N ● なるほど，「たたみ込みを積にする」というフーリエ変換の本質の位置づけがこれではっきりするな．だがこれがそんなに偉大な発見なのか？

S ● ここまでの話では「位相構造」については完全にすっとばしてしまったのだが，もう少しだけちゃんというと，実際には「任意のバナッハ環[25]は，ゲルファント変換を通じて関数環[26]において（代数構造のみならず位相構造も込めて）表現できる」というところまでいえる．さらに，バナッハ環に「対合」という（複素共役の一般化となる）演算を加味した代数＝「C^* 環」に関しては，より強く，

　　　　可換な C^* 環は，ゲルファント変換を通じて，ある関数環と（代数構造のみならず位相構造も込めて）**同型**となる．

という定理が成り立つ．可換，というのはもちろんその代数での積に関して $ab = ba$ ということだ．

N ● つまり，「可換な代数」は，「ある空間の上の関数環」として考えられるということだな．

S ● その通り．グロタンディークが牽引した代数幾何学の再構成は，この思想の延長線上にある．一方，「可換」の条件を外したら何が起こるのか？と考える方向性も生まれた．私の専門分野である「非可換確率論」もその一分野だ．これについて簡単に説明しておこう．たとえば複素数に値をとる「確率変数（確率的にその値が定まる変数）」の集合において通常通り和・スカラー倍・積などを定義すると，可換な代数となる．また，「確率」の重みづけは，各確率変数にその「期待値（平均値）」にあたる数

値を対応させる汎関数＝「期待値汎関数」としてとらえることができる[27]．つまり，確率論は，ある意味で

> 可換な代数と，その上の期待値汎関数

を通じてとらえられるわけだ．ゲルファント表現の考えを推し進めると，ここから「確率空間」(「可能性の全体」と，その重みづけの構造)が再構成できる．非可換確率論は，これを一般化して，

> (可換とは限らない)代数と，その上の期待値汎関数

を研究する[28]．こうすると，量子論もこの枠組みで統一的に議論することができる[29]．そのほかにも「非可換化」の試みは枚挙に暇がないが，すべてはゲルファント表現から始まった，といっても過言ではない．

N ● 「フーリエ変換論は数学を包む」といったところか[30]．

S ● さて，壮大な話は一旦措くとして[31]，懸案だった「δの存在」の話に戻ろうか．まず……

W(ウェイター) ● お客様，恐れ入りますが，当店そろそろ閉店のお時間でございまして．

S ● ああ，すいません．なんと，もうそんなに時間が経ってしまっていたのか．ついにこれから超関数や偏微分方程式の話をしようと思っていたのだが．

N ● それはまた来月，あらためてもう一度ワインでも飲みながら語ることにしよう．「たたみ込み」ならぬ「たたき出し」にあってしまっては困るから．

11.4 演習

(1) たたみ込みに関する結合律を，(何らかの適切な条件のもとで)証明せよ．

(2) ガウス積分

$$\int_{-\infty}^{\infty} e^{-x^2} dx = \sqrt{\pi}$$

を証明せよ(さまざまな方法が知られている)．

第 11 章　心がたたみ込みたがってるんだ。

註

1) この積分の意味は，有限区間 $[-R, t]$ での積分を考えたうえで，R をどんどん大きくする極限として考えればよい．こういったものを「広義積分(improper integral)」という．
2) より詳しく述べれば，まずは H に
$$H(\tau, t) = H(\tau', t'), \quad \tau - t = \tau' - t'$$
という条件を課している．ここで $\tau' = 0$ の場合を考えれば，$t' = t - \tau$ で，常に
$$H(\tau, t) = H(0, t-\tau)$$
と変形できることがわかる．したがって $h(t) = H(0, t)$ とすれば
$$H(\tau, t) = h(t - \tau)$$
と表される．
3) ここでも，積分は有限区間の積分の極限（広義積分）として考えればよい．
4) N● このたたみ込みの定義では，積分の範囲がさっきのものと異なっているな．
S● 先程の例では，$h(t-\tau)$ は時点 τ から時点 t への影響を表すものだったから，τ が t より大きい場合，これは未来に発生する音が現時点に及ぼす影響を表すことになる．こういったものは存在しないとするのが自然だろう．つまり，h は負の値に対しては 0 を返すものだとしておけば良く，こうすれば
$$\int_{-\infty}^{t} f(\tau) h(t-\tau) d\tau = \int_{-\infty}^{\infty} f(\tau) h(t-\tau) d\tau$$
$$= f * h(t)$$
とできる．こういった設定は「因果性」と呼ばれており，さまざまな理論において重要だが，ここでは措く．
5) これを証明するためにどのような定理が必要か，そしてどこまで条件を緩めて考えることが可能かについて考えるのは，積分論を学ぶきわめて良い入門となるので，これは読者に任せよう（演習(1)）．
6) N● 通常の線型性は有限和との可換性を要求するものだけれど，ここでは無限和との可換性どころか積分との可換性まで要求しているというわけだな．
S● 線型性だけでなく，ある種の連続性をも要求していると言っても良いな．
7) Open Acoustic Impulse Response(Open AIR)Library では，さまざまな環境における $L\delta$ が公開されている．
8) "improper" という単語は，「不適切な」とか「いかがわしい」といった含意のある言葉である．ニュアンスとしては「規格外関数」とでも翻訳するとよいのかもしれない．しかし，「広義積分」(improper integral) に合わせれば，「広義の関数」というのがやはり「適切」なのであろう．なお，そもそも広義積分に対しても「異常積分」といった（不適切な？）訳語がよく用いられていた．
9) たとえば
$$\delta_n(t) = \begin{cases} n - n^2|t| & |t| \leq \frac{1}{n} \\ 0 & |t| > \frac{1}{n} \end{cases}$$
とすれば良い．
10) たとえば f が一様連続で最大値，最小値を持つような関数であれば，$f * \delta_n$ は f に一様収束することがわかる（読者は証明を試みられたい）．
11) ちなみに，これに 2π をかけた $\omega = 2\pi\nu$ も重要な量で，「角振動数」あるいは「角周波数」と呼ばれる．
12) どちらにせよ英語は "frequency" で，よく記号 f が用いられるが，関数の記号と紛らわしいので，ν を使う．
13) $\hat{f}(\nu) = Ae^{2\pi i \alpha}$ と表せば，出力は
$$\hat{f}(\nu) x_\nu = Ae^{2\pi i(\nu + \alpha)}$$
と書ける．つまり，物理的にいえば，振幅が A 倍されて，位相が α ずれるということ．
14) たとえば，急減少関数（「急減少」とは，無限遠での振る舞いを表した語で，何度でも微分できて，どの階数の微分も無限遠においていかなる多項式の発散速度よりも急速に 0 に収束する関数のことをいう）などを考えてもらえば良い（実際にはもっと拡張できるが）．
15) フーリエ変換および逆フーリエ変換には，振動数 ν のかわりに角振動数 $\omega = 2\pi\nu$ に立脚するバージョンなど，（本質的には同じ）さまざまな定義式がある．どれを用いても良いが，定理の字面が変わるので，混乱のないように注意．
16) ここでいう「きこえる」とは，周波数特性＝フーリエ変換の情報だけで決定される，ということを指している．
17) 実際，最初の 2 条件は既にみたされているし，三つ目の条件も変数変換によって
$$\int_{-\infty}^{\infty} f_{\frac{1}{n}}(t) dt = \int_{n\varepsilon}^{\infty} f_1(t) dt \xrightarrow[n \to \infty]{} 0$$
となることから良い．
18) なぜ交換できるのか，また条件をどれだけ緩められるのか，読者は探求されたい．

19) ちなみに,特に $\sigma^2 = \frac{1}{2\pi}$ の場合, $f_\sigma = \widehat{f_\sigma}$ となる.つまり,フーリエ変換の「不動点」ということだ.
20) 抽象的な「空間」というコトバに馴染みのない人は,単に「集合」を思ってもよい.ただし,通常は,適当な「近さ」の概念つまり「位相構造」を込めて考えているものとする.
21) 和 $f+g$ は $(f+g)(x) := f(x)+g(x)$,スカラー(複素数)倍 cf は $(cf)(x) := cf(x)$ で定め,積 $f \cdot g$ は $(f \cdot g)(x) := f(x) \cdot g(x)$ とする.
22) 一般には,「関数全体」ではなく連続関数などの「たちのいい」関数の集合(であって和・スカラー倍・積について閉じているもの)を考え,さらに位相構造を込めて考える.
23) つまり,
$$p(f+g) = p(f)+p(g), \quad p(cf) = cp(f)$$
であり $p(f \cdot g) = p(f) \cdot p(g)$ ということ.定義よりただちにわかる.
24) 正確にはさらに,「恒等的にはゼロでない」という条件も加える.また,位相の話をすっかり端折ってしまっているのでここでは述べられないが,本当はさらに,(自然な位相に関して)「連続」という条件も込めておく.
25) これについては第 7 章で名前だけ出した.
26) 「典型的」なバナッハ環である.
27) ここで,期待値汎関数は(期待値の本質として)線型だが,もちろん一般には積は保たないことに注意!
28) 通常,「確率は正の値をとる」ことに対応した期待値汎関数の条件を述べるためにも,代数には対合の演算が付随している「*-代数(*-環)」を考える.
29) この場合,代数の元は「物理量」,期待値汎関数は「状態」と呼ばれる.
30) ゲルファントは,「表現論は数学を含む」と言ったそうである.
31) もう少し知りたい方は,絶賛発売中の『圏論の歩き方』(日本評論社)第 7 章および第 9 章などをご覧ください.

第12章
果てしないものがたり

12.1 未知なる δ を夢に求めて

S ● 最終章ということで，きょうは京都・寺町二条のワイン食堂「シナモ」にやってきた．

N ● ずっと前から決めていたのか．

S ● そうだ．ここの店主の伊集院さんという方と親しいのだが，以前「西郷さんの小説を読んでみたい」とおっしゃったので，「じゃあ芥川賞とったら飲食ただにしてください」と酒の勢いで言ってみたところ承諾くださってね．伊集院さんは薩摩人であることを誇りにしている方なので，この約束は千金に値する．折よく日本評論社からこの連載の話をもらったので，なんとかこの連載を書籍化して芥川賞を取り，無銭飲食にふけるつもりだったのだが，当てが外れてしまった．

N ● 無謀なアイデアだなあ．僕はそんなものに付き合わされていたのか．文学賞を狙うくらいなら，ε-δ 論法をラップで歌い上げて，音楽関連の賞を狙えば良かったのに．

S ● ああたしかにな．まあ過ぎたことだ．さっさと前章からの懸案だった「δ の存在」の話に戻ろう．

N ● 普通の関数ではないけれど関数の極限として表されるということだったな．それに作用素だとか分布だとか，異なる見方をすれば存在しているとも解釈できる，と．状況証拠は着々と積み上がってきているな．

S ● つまり虚数のようなものだ．そもそも数自体が自然数や実数といえども物質世界には存在しておらず，量に対しての作用として現れるものなのだが，いわゆる数直線上に定位できるような種類の量ばかり見つめているかぎり，虚数があることはわからない．視野を直線の外にまで拡張してはじめて虚数と出会えるのだ．というわけで δ とめでたく出会えるように我々の視野(考える空間)を拡張する必要があるわけだが，鍵はやは

りディラックが示してくれている．まずは δ の不定積分

$$H(t) = \int_{-\infty}^{t} \delta(\tau)d\tau$$

について考えてみよう．

N ● 前章で発見法的にみたように，デルタは原点以外では値を取らず，実数全体での積分が 1 だったから

$$H(t) = \begin{cases} 0 & t < 0 \\ 1 & t > 0 \end{cases}$$

だな[1]．

S ● つまり，不定積分を考えると通常の関数になるわけだ．この関数 H を**ヘヴィサイドの階段関数**と呼ぶ．寛大な心を持てば，δ とは H の微分 DH なのだと言えるだろう．実際，この見方は部分積分によって確かめることができる．都合の良い関数 f に対して，DH との積の積分を考えてみよう．

N ● なんだその「都合の良い関数」って．

S ● それはもちろん，微分も積分もできて，おまけに都合の良い極限を持つ都合の良い関数のことだ．好き勝手に計算しておいて，後で振り返ってどんな性質が必要だったかを設定し直すんだ．

N ● ふむ，数学者というのはどうにも気楽な商売だなあ．まあ良い．積分は

$$\int_{-\infty}^{\infty} f(t)DH(t)dt = [f(t)H(t)]_{-\infty}^{\infty} - \int_{-\infty}^{\infty} Df(t)H(t)dt$$

$$= f(\infty) - \int_{0}^{\infty} Df(t)dt$$

$$= f(\infty) - [f(t)]_{0}^{\infty}$$

$$= f(0)$$

となるな．f としては，$t \to \infty$ での極限が存在するような可微分関数なら良いわけか．そういった関数に対しては，たしかに DH はデルタの備えるべき性質を持っているな．

S ● 要点をまとめると，通常の意味では微分不可能な H について，都合の良い関数への作用（掛けて積分する）とみなすことで部分積分を通じた微分の定義ができて，それが δ になるということだ．さて，この線に沿って議論を進めるために，君が指摘した f の都合の良さをもっと強めて，ある有界集合の外側では値を取らず，何度でも微分できるような関数 φ を

取ろう．こういった関数は**テスト関数**と呼ばれる．連続関数 f については，f を用いたテスト関数から実数への関数（**汎関数**と呼ばれる）T_f を

$$T_f(\varphi) := \int_{-\infty}^{\infty} f(t)\varphi(t)dt$$

と掛け算作用素として定めることができる．一方で，原点の値を抜き出す T_δ

$$T_\delta(\varphi) := \varphi(0)$$

もまた汎関数だけれど，これに対応するものは通常の関数ではなかった．つまり，「通常の関数」から「テスト関数の空間上の汎関数」に視点を移すことで，より多くの対象を扱えるということだ．

N● そして，そこにデルタが存在している，と．

S● そういうことだ．本当は単なる汎関数でなく，連続線型汎関数を考える必要がある．これを**超関数**と呼ぶ．「連続」の意味は勝手に調べてくれ．まあとにかく，これで「関数」の意味も拡大できたわけだから，いつものように関数由来の超関数については T_f を f と書いて記号を濫用しよう．また，$T(\varphi)$ については $\langle T, \varphi \rangle$ と書くことにする．すでに前章で見たように，「作用するもの」と「作用されるもの」とは入れ替わるものだからこうしておくと精神衛生上都合が良いし，物理でよく用いられる記法にもよく合う．それに微分の定義などもしやすい．通常の関数 f を用いると，微分 Df の作用は

$$\langle Df, \varphi \rangle = \int_{-\infty}^{\infty} Df(t)\varphi(t)dt$$
$$= [f(t)\varphi(t)]_{-\infty}^{\infty} - \int_{-\infty}^{\infty} f(t)D\varphi(t)dt$$
$$= -\langle f, D\varphi \rangle$$

と変形できる．そこで超関数 T の微分 DT は

$$\langle DT, \varphi \rangle := -\langle T, D\varphi \rangle$$

とテスト関数に微分を押し付けることで定義してしまおう．

N● さっきのヘヴィサイドの階段関数を超関数とみなせば

$$\langle DH, \varphi \rangle = -\langle H, D\varphi \rangle = -[\varphi]_0^{\infty} = \varphi(0) = \langle \delta, \varphi \rangle$$

となって，超関数の意味で $DH = \delta$ なのだとわかるな．あとはデルタのフーリエ変換か．

S● 実はフーリエ変換を議論するには，今の超関数の空間は広すぎる．そこ

で，テスト関数としては無限遠点での振る舞いを考慮した**急減少関数**が主役となる．急減少関数から成る空間を**シュワルツ空間**と呼び，$\mathcal{S}$で表す．また，シュワルツ空間上の超関数は**シュワルツ超関数**と呼ぶが，詳しくは調べてくれ[2]．まあとにかく，やはり通常の関数 f についての計算

$$\langle \widehat{f}, \varphi \rangle = \int_{-\infty}^{\infty} \left(\int_{-\infty}^{\infty} f(t) e^{-2\pi i s t} dt \right) \varphi(s) ds$$
$$= \int_{-\infty}^{\infty} f(t) \left(\int_{-\infty}^{\infty} \varphi(t) e^{-2\pi i s t} ds \right) dt$$
$$= \langle f, \widehat{\varphi} \rangle$$

から，シュワルツ超関数 T のフーリエ変換 $\widehat{T}$ は

$$\langle \widehat{T}, \varphi \rangle = \langle T, \widehat{\varphi} \rangle$$

と定義すれば良いだろう．

N● すると $\widehat{\delta}$ は

$$\langle \widehat{\delta}, \varphi \rangle = \langle \delta, \widehat{\varphi} \rangle = \int_{-\infty}^{\infty} \varphi(t) dt = \langle 1, \varphi \rangle$$

から1だとわかる．おお，素晴らしい．

S● こうして存在することがわかった δ を**デルタ関数**，また特にディラックに敬意を表して**ディラックのデルタ関数**とも呼ぶ．

N● なんだ，改まって．さっきからデルタ，デルタと呼んでいたじゃないか．

S● いやいや δ としか呼んでいない．単なる記号とちゃんとした名前とでは大違いだ．もっと注意を払いたまえ．そもそも現代人は言葉に対する敬意が……

N● わかったわかった．その辺でやめてくれ，君は管を巻きだすと切りがないんだから．

12.2 偏微分方程式ことはじめ

S● ふん．ともかく，実はこのあたりの概念は偏微分方程式を考える上で非常に重要になってくる．

N● そうなのか．だがまずは「偏微分」がなんなのかを説明してもらわないとな．

S● 今までは，主に時間を変数として，ある時刻における位置だとか量だと

かについての議論をしていた．そして，その変化の勢いを微分と呼んでいたわけだが，もし量 f が，時刻 t と位置 x とによって定まるものだったらどうだ．t による変化の勢いだけでなく，x による変化についても考える必要があるだろう．そこで，多変数関数に対して，あるひとつの変数のみに着目し，その他の変数を定数とみなしたときの微分のことを，もとの関数の考えている変数に関する**偏微分**と呼ぶ．記法については，f の x に関する偏微分を $\dfrac{\partial f}{\partial x}$ と表す．また，微分を含む関数方程式を微分方程式と呼んでいたように，**偏微分方程式**とは，偏微分を含む関数方程式のことだ．

N● なんだって偏微分方程式論に，これまで見てきた事柄が関係してくるんだ？

S● それは，フーリエ変換と微分作用素との深い関係によるものだ．前章で君が正規分布の確率密度関数 f_σ のフーリエ変換を調べていた際，深く考えずに

$$\frac{d}{d\nu}\widehat{f_\sigma}(\nu) = -2\pi i \int_{-\infty}^{\infty} t f_\sigma(t) e^{-2\pi i \nu t} dt$$

という式を導いていたが，これは「関数に単項式を掛けてフーリエ変換したもの」と「フーリエ変換してから微分したもの」とが定数の違いを除いて等しいということを意味している．また，部分積分を通じて「関数を微分してからフーリエ変換したもの」と「フーリエ変換したものに単項式を掛けたもの」とが関係していることがわかる．

$$tf(t) \xrightarrow{\mathcal{F}} \frac{i}{2\pi}\frac{d}{d\nu}\widehat{f}(\nu)$$

$$\frac{d}{dt}f(t) \xrightarrow{\mathcal{F}} 2\pi i \nu \widehat{f}(\nu)$$

N● なるほど．後者の性質をうまく使って，微分方程式をフーリエ変換すれば，単なる多項式の掛け算の問題に変換されるということか．

S● たとえば次の**熱伝導方程式**

$$\frac{\partial f}{\partial t} = \frac{\partial^2 f}{\partial x^2}$$

について考えてみよう．これは，フーリエが熱伝導現象を研究するために用いた偏微分方程式で，ごく細い針金のような物質に熱がどのように

伝わっていくかを表している．f は時刻 t，位置 x における温度だと考えてくれ[3]．この偏微分方程式の**初期値問題の基本解**を求める問題を考えてみよう．基本解とは，初期条件をデルタ関数で与えた偏微分方程式

$$\frac{\partial f}{\partial t} = \frac{\partial^2 f}{\partial x^2}$$

$$f(0,x) = \delta(x)$$

をみたす解 E のことだ．こういうものを求めておけば，どんな初期条件が与えられても，基本解と初期条件とのたたみ込みで解を表現できる．実際，初期条件として

$$f(0,x) = u(x)$$

が与えられたとき，

$$f(t,x) = \int_{-\infty}^{\infty} E(t, x-y) u(y) dy$$

は，この初期値問題の解となる．

N ● x 変数についてフーリエ変換して，対応する変数を ξ とすれば，これは

$$\frac{\partial}{\partial t}\hat{f}(t,\xi) = (2\pi i \xi)^2 \hat{f}(t,\xi)$$

$$\hat{f}(0,\xi) = 1$$

と変形できる．ξ を固定すれば，これは t に関する常微分方程式で

$$\hat{f}(t,\xi) = e^{-4\pi^2 \xi^2 t}$$

と解ける．あとはこれを逆フーリエ変換すれば良いのか．

S ● そういうことだ．前章でフーリエ変換によって正規分布が正規分布に移ること，また実際にどう変わるかを見ているから，記号を照らし合わせれば基本解 f は

$$f(t,x) = \frac{1}{2\sqrt{\pi t}} e^{-\frac{x^2}{4t}}$$

と求められる[4]．このようにしてまた，われわれは正規分布の密度関数，いわゆるガウス関数に出会ったわけだな．ちなみに，前章で言い忘れていたが，正規分布自身をガウス分布とも呼ぶ[5]．

12.3 中心極限定理

N ● 僕も仕事がら正規分布が統計学で中心的な役割を果たすことは知ってい

るが，そのことと熱方程式とのつながりはいったいどういうふうになっているんだ．

S● 実をいうと，一般に，
「相関性が無視でき」かつ「等質な」ゆらぎたちが「積み重なって起こる」現象

について，正規分布が現れてくるのだ．たとえば，いま数直線上にある粒子が，ある時間間隔ごとに，ある距離ぶんだけ確率 $\frac{1}{2}$ で正方向もしくは負方向に移動するとしよう．

N● いわゆる**ランダムウォーク**というやつだな．酔歩という言い方のほうが我々にはふさわしいかもしれないが．

S● そうだ．ここで，適当にスケールを調整しつつ極限をとることで，その粒子が時刻 t において x から $x+dx$ のあいだに存在する確率が，（適切な可微分性をみたす）「確率密度関数」$p(x,t)$ を用いて $p(x,t)dx$ と書ける状況を考えよう．すると，確率密度関数 $p(x,t)$ が，熱方程式と同様な形の偏微分方程式をみたすべきことが容易にわかる（読者はその理由を考えてみられたい）．これは，液体中の微小粒子の移動（いわゆる**ブラウン運動**）による「拡散現象」をモデル化したものといえる．要するに，この種の拡散現象は，熱方程式とまったく同じ形の方程式（**拡散方程式**）を通じてモデル化できる，ということだ．

N● この種の拡散現象，というが，「この種の」とはいったいどういうことだ．

S● まさにそれが，微小な移動量というゆらいだ量に関して，
「相関性が無視でき」かつ「等質な」ゆらぎたちが「積み重なって起こる」現象

であるということだ．確率論の基本概念できちんと定式化すると，「相関性が無視でき」というのは**独立**，「等質な」というのは**同分布**（つまり同じ確率分布に従う）ということになる[6]．すなわち，**独立同分布**な確率変数の系，さしあたっては確率変数の列を考えればよいだろう．また，「積み重なって起こる」というのは，（適当にスケールを調整しつつ）それらの確率変数列の総和を考えればよいだろう．この設定において，次の偉大な定理が知られている：

定理[中心極限定理[7]]

$X_1, X_2, \cdots$ を独立で同分布な確率変数の列であって，平均（期待値）は 0，分散（「平均からのずれの 2 乗」の平均）は 1 とする[8]．このとき，「$\frac{1}{\sqrt{n}} \sum_{k=1}^{n} X_k \leq x$ となる確率」は，$n \to \infty$ で $\int_{-\infty}^{x} \frac{1}{\sqrt{2\pi}} e^{-\frac{t^2}{2}} dt$ に収束する，すなわち「$\frac{1}{\sqrt{n}} \sum_{k=1}^{n} X_k$ の従う確率分布は標準正規分布[9]に**弱収束**する」．

つまり，スケールを調整しつつ総和をとって得られる確率変数 $\frac{1}{\sqrt{n}} \sum_{k=1}^{n} X_k$ の従う確率分布は，n が十分大きいとき，実質上正規分布として扱うことができるということだ．

N ● なるほど，だから「相関が無視できるような，等質な，確率的なゆらぎたち」が「積み重なって起こる」現象を考えると正規分布が現れてくるのだな．見るからに偉大な結果であるし，この『指数関数ものがたり』にふさわしく指数関数が華々しく登場したものだが，どうやって証明するのか．

S ● 実は，この定理の標準的な証明には，これもまた本書にふさわしく，フーリエ変換の考えが大活躍する．確率変数 X の**特性関数** $\phi_X(z)$ を，$\phi_X(z) = E(e^{izX})$ で定義する．ここで，E は確率変数に対してその平均（期待値）を対応させる汎関数（期待値汎関数）を表す．特性関数は，「確率分布ごとに」一意に定まるので，「確率分布の特性関数」といってもよい．これは（いろいろ細かい点を除けば），本質的にフーリエ変換を考えていることになる[10]．

N ● それで，この特性関数を考えることが，どういうふうに中心極限定理につながるんだ？

S ● 核心がふたつある．ひとつは，弱収束が，特性関数の収束から導かれるということだ．また，フーリエ変換の本質が「たたみ込みを積に変える」ところにあることは覚えていると思うが，実はこのことが中心極限定理の証明のもうひとつの核となる．実際，「独立な確率変数の和」の分布はたたみ込みに対応することがわかり（なぜか？），一方その特性関数を考えるとこれが「積」となる．

N ● 第 1 章からずっと語り合ってきた「指数関数は和を積になおす」という

ことから

$$E(e^{iz(X+Y)}) = E(e^{izX}e^{izY})$$

となるのは当然だし，それに，確率変数 X, Y が独立ならそれを指数関数に代入したものも当然独立になるんだろうから，確率論の基本中の基本たる「独立な確率変数の期待値の積は，積の期待値である」を用いれば，

$$E(e^{izX}e^{izY}) = E(e^{izX})E(e^{izY})$$

というわけで，「独立な確率変数の和の特性関数」は「特性関数の積」になるのも当然といえば当然か．

S● ほどよく酩酊した証明だな．まあ，そんなところでよかろう．厳密にはいろいろ調べてくれ．とくに，「独立同分布な確率変数の和」を考えれば，(スケールの調整に留意しつつ)特性関数の n 乗の挙動を調べればよいことになる．指数関数についてのいくつかの初等的な性質(たとえばテイラー展開に関する評価式など)を用いてこれを実行すると，n を大きくしたとき，特性関数は $e^{-\frac{z^2}{2}}$ に収束することが示せる．これはほかならぬ標準正規分布の特性関数である(「フーリエ変換によって，正規分布は正規分布にうつる」ということを思い出そう)．そして特性関数の収束からは弱収束が導かれるので，中心極限定理の証明が終わることになる．

N● なんだかややこしそうじゃないか．特性関数の偉大さはわかったけれど，もっとわかりやすい証明はないのか．

S● そうだなあ，**キュムラント**の概念とそれによる正規分布の特徴づけを認めてよければ，すべての n 次モーメント(つまり確率変数の n 乗の期待値)が存在する場合に限っては，構造をつかみやすい証明を与えることもできる．「キュムラント」とは，簡単にいうと，「期待値」や「分散」を一般化した概念だ．通常は，特性関数(あるいはモーメント母関数)の対数をとったもの(**キュムラント母関数**)の係数を通じて定義するが，次のように直接に定義することもできる．すなわち，m 次のキュムラント K_m とは，m 次以下のモーメントの多項式として書ける量(汎関数)であって，「λ を数とするとき $K_m(\lambda X) = \lambda^m K_m(X)$」および「$X, Y$ が独立な確率変数であるとき，$K_m(X+Y) = K_m(X) + K_m(Y)$」をみたすもののことである，というふうに[11]．期待値と分散はそれぞれ，1次と2次のキ

ュムラントだ．さて，このキュムラントの概念を用いると，（平均0，分散1の）正規分布とは「1次のキュムラントは0, 2次のキュムラントは1, 3次以上のキュムラントがすべて0となる」唯一の確率分布として特徴づけられることが知られている．なお，以前出てきたパラメータ λ のポアソン分布は，対照的に「すべてのキュムラントが λ となる」唯一の確率分布だ．こういった，キュムラントによる特徴付けができる場合には，「キュムラントが収束する」ことからその分布への「弱収束」が導けることも知られている．さあ，ここまでの話に基づけば，中心極限定理の構造はいまや明らかとなる．

N● 要するに，$K_m\left(\frac{1}{\sqrt{n}}\sum_{k=1}^{n}X_k\right)$ が，$m=2$ では1に，その他は0に収束することをいえばよいのだな．あとは読者に任せよう．

S● ちなみに，前章で少し話した「非可換確率論」においては，「独立性」の考えが多様化する．「ふつう」の独立性に加えて，「自由独立性」「単調独立性」をはじめとする「さまざまな独立性」が定義可能となり，それぞれに対して「中心極限定理」が考えられる．自由独立性においては正規分布のかわりに「半円則」というのが出てくる．これはランダム行列という分野とも深くかかわっている．また，単調独立性では，「逆正弦法則」というものが登場する．これらはみな，対応する一般化されたキュムラントを考えることで，統一的に理解することが可能なのだ．

N● 「独立同分布」なゆらぎの積み重ね，というのが中心極限定理の本質であり，その「独立」の意味として通常われわれが理解するものをとれば，正規分布になるということなのだな．

S● 実際には，「独立同分布」の条件をより緩めたかたちで中心極限定理を定式化できるのだが，コアの理解としてはそれでよいと思う．

I(伊集院)● 西郷さん，そろそろ食後酒のほうはいかがでしょうか？ とっておきのがありますよ．

S● あ，もうそんな時間でしたか！ 楽しみです．ではあと少ししたら持ってきていただけますか？

I● もちろんごゆっくり．

N● ちょうどいい区切りのように思えたが，この期に及んでまださらにまだしゃべるつもりだったのか．いったい何を話そうとしていたんだ．

12.4 「サヨナラ」ダケガ人生ダ

S ● もともとのプロットとしては，ここから本格的にブラウン運動の話をするつもりだったのだ．

N ● さっきの拡散方程式の話で終わりかと思っていたが．

S ● とんでもない．あれは話の始まりにすぎない．ブラウン運動の理論は現代の数学，物理の大きな源流となっているのだ．ブラウン運動を「運動方程式」という観点から考えてみよう．いま，各時刻 t における微小(ではあるがまわりの液体分子よりはずいぶん大きな)粒子の速度を $v(t)$ とすると，液体の「粘り気」による抵抗がかかると同時に，液体を構成する分子が絶えずぶつかってきて駆動力 $F(t)$ を与えるであろう，という推察から，

$$m\frac{dv}{dt} = -\gamma v + F$$

というモデルがたつだろう．これをランジュバン方程式という．中心極限定理のことを思い出せば，多くの分子がランダムにぶつかってきてその効果が集積するのだろうから，駆動力は「各時刻ごとに独立」な「正規分布する確率変数」として考えるのが自然だろう．時間という連続パラメータをもつ「正規分布」＝「ガウス分布」型の確率変数のシステムということになる．こういうのを(ガウス型)ホワイトノイズと呼んでいる．で，この方程式というのは「形としては」我々が以前見た種類の線形微分方程式そのものであり，「解けるはず」のものである．実際，これを「解く」ことを通じて，「液体の粘り気による抵抗＝散逸」と「液体分子のもたらす駆動力＝揺動」とを関係づける，いわゆる「揺動散逸定理」がえられる．さらに，分子による揺動にくわえて重力の効果を外力に取り込んだ議論と組み合わせることで，「アボガドロ数」を測定可能な量と結びつけ，分子の「実在」の検証をもたらしたアインシュタインの仕事の話をしようと思っていた．

N ● どう考えてもそんな時間はないだろう．また追い出されるぞ．それに，アインシュタインの仕事をもとにアボガドロ数を求める実験を行ったペラン自身が言っていたと思うが，このブラウン運動というやつは，いわゆる「いたるところ微分不可能な連続関数」としてモデル化すべきよう

なものではなかったのか．微分不可能なものについての微分方程式，とはなんなんだ．

S● まさにそのあたりをきちっとしようという努力のなかから，伊藤の確率微分方程式の理論など，現代の確率解析の展開があったともいえるわけだろうが，私はそのあたりの歴史にはまったく疎い．いっぽう，この「微分不可能なものの微分」というのを，超関数の考えによってとらえなおすこともできる．ブラウン運動を，可能なあらゆる動きの集合＝「関数の空間」に適切な重みづけを与えたものだと考えるとすれば，その「微分」＝ホワイトノイズのほうは「超関数の空間」に適切な重みづけをつけたものを通じてとらえることができるだろう．この「適切な重みづけ」というのは，まさに「正規分布的」＝「ガウス的」な重みづけということになろうが，それを定式化するには，特性関数の一般化である「特性汎関数」というのが重要な役割を果たす．そしてそのうえで，「各時刻」でのゆらぎ＝ホワイトノイズはいわば超関数を入力とする超関数＝「超汎関数」として正当な地位を与えることができる．この立場では，たとえばランジュバン方程式は，我々が議論してきた線形微分方程式の解法「そのもの」で扱える．さらには，一般的なゆらぎを「ホワイトノイズを入力とする関数」を通じて理解する道も開けるし，ホワイトノイズによる微積分を考えることもできるだろう！このような壮大な構想の展開が，飛田のホワイトノイズ解析である，という話をしようと思っていた．そして，そこでの微分作用素を考えることが，量子場の数理や非可換確率論とも深いかかわりをもっていて云々という話をしようと思っていた．

N● exp(不可能)とでも形容すべき構想だな．絶対に収束しない，「果てしないものがたり」になってしまう．

S● 「数学の終わらざるごとく，このものがたりもまた終わらざるべし」というわけか．しかし，人生は短い，そして書籍には必ず終わりがある．

I● さあ，お待たせしました．本章でこの本がおしまいと伺っていましたので，とっておきのソーテルヌをご用意いたしました．

S● ああ，実に素晴らしい．果てしないものがたりの一区切りにふさわしい，芳醇で，華やかで，それでいて爽やかな余韻ではないか．

N● いつまでも飲み続けていたいような幸福な味わいだな．

S ● うむ．ものがたりの続きは読者にまかせ，我々は本業の飲酒にふけるとしよう！

コノサカヅキヲ受ケテクレ

ドウゾナミナミツガシテオクレ

ハナニアラシノタトヘモアルゾ

「サヨナラ」ダケガ人生ダ[12]

12.5 演習

このものがたりの続きを書け．

註

1) 原点での値については，δ が偶関数であることから
$$\int_{-\infty}^{0} \delta(t)dt = \int_{0}^{\infty} \delta(t)dt = \frac{1}{2}$$
とみなして，$H(0) = \frac{1}{2}$ とすることもある．こう定義するとフーリエ級数論で都合が良い．

2) 超関数の正確な概念規定やその意義についての理解を深めるために，たとえば堤誉志雄著『偏微分方程式論』(培風館) を読まれることを強くおすすめする．

3) これは，熱流が温度勾配に比例するというフーリエの法則と，熱量の保存則から出る．フィックはフーリエの議論が，熱量に限らないより一般の量の拡散についても適用できることを示した．

4) 直接求めるためには複素関数論の知識を要する．逆フーリエ変換すると
$$f(t,x) = \int_{-\infty}^{\infty} e^{-4\pi^2 \xi^2 t} e^{2\pi i \xi x} d\xi$$
となる．指数の部分を平方完成すると
$$f(t,x) = e^{-\frac{x^2}{4t}} \int_{-\infty}^{\infty} e^{-t\left(2\pi\xi - \frac{1}{2t}x\right)^2} d\xi$$
で，ここで $\eta = \sqrt{t}\left(2\pi\xi - \frac{i}{2t}x\right)$ という変数変換を行うと被積分関数が $e^{-\eta^2}$ と見た目が良くなる．その一方，積分路が実軸でなく，$-\frac{i}{2t}x$ だけ虚軸方向にシフトされたものになってしまうことに注意しなければならない．だが，複素解析における**コーシーの積分定理**によって，実軸をわたるものとして良いことがわかる．$d\eta = 2\pi\sqrt{t}\,d\xi$ だから
$$f(t,x) = e^{-\frac{x^2}{4t}} \int_{-\infty}^{\infty} e^{-\eta^2} \frac{d\eta}{2\pi\sqrt{t}}$$
と，ガウス積分が現れる．

5) むしろ筆者 (西郷) の周りではガウス分布と呼ぶ人のほうが多い．

6) 確率論の任意の教科書を参照．基本概念の定式化を含め，この節の内容については，たとえば尾畑伸明『確率モデル要論』(牧野書店) が要点をくっきりさせていておすすめである．また，今野紀雄・井手勇介・瀬川悦生・竹居正登・大塚一路共著『横浜発 確率・統計入門』(横浜図書) も個性的で楽しい．

7) この呼び方はポリヤによる．確率論において「中心」的な役割を果たす「極限定理」の意．非常に多くの数学者がこれに非自明な貢献をした．実際には，ここでの定式化よりも相当に一般化できる．エドワード・ネルソンは，その名著 "Radically Elementary Probability Theory" において，(より一般化された意味での) 中心極限定理を指して，"The de Moivre-Laplace-Lindberg-Feller-Wiener-Lévy-Doob-Erdös-Kac-Donsker-Prokhorov theorem" と表現した．もちろん，これでも到底形容詞が足らない．なお，この "Radically Elementary Probability Theory" の邦訳は出版されていないが，我々は本書を始めとしていくつかの著作を邦訳しており，その一部を製本し，ネルソンさんにお土産に差し上げ，喜んでいただいた．残念ながらネルソンさんはその後お亡くなりになってしまった．その際，この本のテーマである超準解析に

ついて有益な議論ができたことは，著者のひとり(西郷)にとってかけがえのない経験となった．人生別離足る．
8) 確率変数が平均および(0でない)分散をもちさえすれば，簡単な変換(正規化という)によって「平均0，分散1」の状況に帰着できる．
9) 平均0，分散1の正規分布のこと．
10) 実際，確率分布が確率密度関数 $p(x)$ を用いて書ける場合には，
$$\phi_X(z) = \int_{-\infty}^{\infty} e^{izx} p(x) dx$$
となり，(係数さえ調整すれば)まさに $p(x)$ のフーリエ変換そのものだ．
11) この3条件(より正確には，最後の条件は「独立な n 個の確率変数 $X_1, X_2, \cdots, X_n$ が確率変数 X と同分布であるとき，$K_m(X_1+X_2+\cdots+X_n) = nK_m(X)$」にまで弱めることができる)によってキュムラントの概念は特徴づけられ，一意性と存在を(純粋に組合せ論的に)導くことが可能である．興味ある読者は(必要ならば長谷部高広氏と西郷の共著論文 "The monotone cumulants" などを参考に)これを示してみられたい．なおこの論文自体の主題は，あとで少し話す「キュムラントの概念を非可換確率論の文脈において一般化する」という内容である．
12) 井伏鱒二『厄除け詩集』(講談社文芸文庫)より．唐代の詩人于武陵の『勧酒』の翻案．

附録

附録 A

指数関数について語るときに我々の語れなかったこと

A.1 集合とは何か

S(西郷)● さて，君に来てもらったのはほかでもない，今までの話の根幹にかかわるにもかかわらず，ほとんど触れてすらいなかったことがあったからだ．

N(能美)● なんだと，僕が来たのはほかでもない，酒が飲めると聞いたらからだぞ．

S ● ただで飲める酒があるわけないだろう．君は実に愚かだなあ．抜け落ちていたことというのは，「連続性」の根幹に深く関わる「近さ」の一般概念を数学的にどうとらえるか，という話だ．通常これは，「位相空間論」という枠組みで扱われる．この位相空間論において中心的な役割を果たす「連続」「一様連続」「コンパクト」の概念は，『指数関数ものがたり』の随所にその片鱗を見せていた．もちろん今までの話で必要最低限の事柄は余さず紹介してきたつもりだが，これらはあまりにも重要だからぜひ補足しておきたいと私の数学者としての良心がささやくのだよ．

N ● 僕からすれば乱心だがなあ．それに，位相空間論といえば「任意の集合の上に近さの概念を定める」話なんだから，どうせ君のことだ，かの悪名高き「集合論」にも触れるつもりなんだろう？ ああ面倒くさい．

S ● そのあたりのことは安心してくれ．偉大な圏論の立場にたって「集合論，かくあるべし」とモデル化すれば，非常にとっつきやすい集合論を展開できることが知られている．圏論については，ここでは概説するに留めるので，詳しくはたとえば絶賛好評発売中の『圏論の歩き方』や『圏論の歩き方』，あるいは『圏論の歩き方』を参照してほしい．

N ● くだらない茶番を展開しないでくれ．

S ● 茶番とはなんだ，これはサブリミナル効果を狙ったれっきとした戦術だぞ．

N ● どちらでも良いから話を進めてくれ．僕が推察するに,「圏論」というからには「圏」についての議論なんだろう．
S ● そのように当たり前のことを恥ずかしげもなくしたり顔で言えるとは,君は実は学者や評論家に向いているのではないか．圏論というのは，何ものかの集まりがあったとき，個別の物事に注目するのではなく物事たちの間の関連性や働きに注目する考え方で，圏とは次のようなものだ：

定義

以下の条件をみたす**対象**(object)と**射**(morphism)との集まりを**圏**(category)と呼ぶ．

- 各射 f には，二つの対象 $\mathrm{dom}(f)$ と $\mathrm{cod}(f)$ とが紐付けられており，それぞれ**域**(domain), **余域**(codomain)と呼ぶ．「射 f の域が X，余域が Y である」ことを $f: X \longrightarrow Y$，あるいは $X \xrightarrow{f} Y$ と表し，X から Y への射と呼ぶ．
- 各対象 X には，域，余域の双方を X とするような特別な射 1_X が紐付けられており，X の**恒等射**(identity)と呼ぶ．
- 射 f, g で，$\mathrm{cod}(f) = \mathrm{dom}(g)$ なるものがあったとき，つまり
$$Z \xrightarrow{g} Y \xrightarrow{f} X$$
という状況のとき，f, g の**合成**(composition)と呼ばれる X から Z への射が存在し，これを $g \circ f$ と書く．
- 射の合成は**結合律**(associative law)をみたす．すなわち，任意の射 $X \xrightarrow{f} Y \xrightarrow{g} Z \xrightarrow{h} W$ に対して
$$(h \circ g) \circ f = h \circ (g \circ f)$$
が成り立つ．
- 恒等射は**単位律**(unit law)をみたす．すなわち，任意の射 $X \xrightarrow{f} Y$ に対して
$$f \circ 1_X = f = 1_Y \circ f$$
が成り立つ．

N ● まあ，いかにも集合とそれらの間の写像とを思わせるような概念だな．
S ● 当然「集合と写像とからなる圏」というのは重要な例なんだが，それに

限ることはないということに注意してほしい．さてこのままではあまりに自由すぎて，「要素」や「集合の積」といった集合論で重要な概念が存在するとは限らない．そこでいくつか条件を課して，集合論の土台になるような圏を定義する：

> **定義**
>
> 圏 $\mathcal{C}$ に
>
> - 有限極限[1]
> - 冪[2]
> - 部分対象分類子 Ω[3]
>
> が存在するとき，これを**トポス**(topos)と呼ぶ

こう定義しておくと，「有限極限」の双対概念である「有限余極限」もまたトポスに存在することがわかる．これは集合の非交和などをカバーする概念だが，まあここではトポスというのは集合論で必要な操作がなんでもかんでも好きに行えるところだと思ってもらえば良い．

N● そうは言ってもこれだけではなあ．何のことやらよくわからんし，そもそも本当にそんな理論があるのか？ 君が悪意をもって僕を騙そうとしているんじゃないかなあ．

S● なんと人聞きの悪い．たとえば集合の積でも考えてみよう．普通の集合論では要素が主役で，集合 A, B の積 $A \times B$ といったら，A の要素 a と B の要素 b とを用いたペア (a, b) としてあらわされるものすべてからなるもの，といった定義になるだろう：

$$A \times B := \{(a, b) | a \in A, \ b \in B\}.$$

集合の積 $A \times B$ の要素に対し，A 由来の要素を対応させる写像 π_A，B 由来の要素を対応させる写像 π_B が定義できる：

$$\pi_A((a, b)) = a, \quad \pi_B((a, b)) = b.$$

圏論的な見方では「対象」ではなく，関係性を表す「射」に注目するが，この2つの写像をこそ「積の本質」と捉える．集合の積が持つ重要な性質は，ほかに「同様な図式」，つまり同じ域を持つ A, B への2つの射

$A \xleftarrow{f} X \xrightarrow{g} B$ があったとき，X から $A \times B$ への写像 u で π_A, π_B の働きと「両立する」ものがただ一つ存在するということだ．ここで「両立する」といっているのは

$$f = \pi_A \circ u, \quad g = \pi_B \circ u$$

が成り立つという意味だ．一見あまりに形式的に感じるかもしれないが，落ち着いてしみじみと考えてみれば，「ああ，たしかに積とはこういうものだ」と悟りを開くときが来るだろう．

N● 要は，圏論においては考えている概念を示す特徴を射の形で言い表して，その中で特別なものを考えるということか．

S● 大体そんな感じだな．詳しくは適当な参考書を見たまえ．圏の定義，関手，自然変換，随伴，極限あたりがわかっていれば充分だろう．随伴や極限を理解するのには，「コンマ圏」を用いるとわかりやすい．一応，要約だけをノートにまとめておいた(附録B)．適宜参照したまえ．さて，このトポスの概念を礎にして，「集合圏」Set を定義する：

定義

Set とは以下の条件をみたす圏である：

- Set はトポスである．
- Set は well-pointed である．
- Set の全射は分裂する．
- Set は自然数対象を持つ．

そして，Set の対象を集合と呼び，射を写像とよぶことによって，我々は「集合とはなにか」，「写像とはなにか」を一括的に定義するのだ．

N● なるほど，「集合とはなにか」，「写像とはなにか」を定めてからそれらが構成する圏として「集合圏」を定義するのではなく，「集合圏」を圏論的な枠組みで先に定義してしまって，その対象や射として集合や写像を定義しようというのだな．

S● そう，数学ではよくあることだが，たとえばベクトルの概念を定義するためには，まずその総体にあたる「線型空間」を先に定義し，その線形空間の要素としてベクトルを定義する．それと同じようなことだ．

N ● 大枠はわかった．では集合圏 Set の定義をちゃんと説明してもらおうか．

S ● 一つ目の条件は，先程も言った通り集合論に必要な操作を行えるようにする設定だ．二つ目の条件は，対象間の関係性としての射を重視する圏論で「要素」に意味を持たせるための設定だ．終対象 1 をもつ圏が "well-pointed" であるとは，1 が始対象でなく，かつ相異なる射が「点」によって分離されること，すなわち射 $f, g: X \longrightarrow Y$ で $f \neq g$ なる射に対して射 $x: 1 \longrightarrow X$ で $f \circ x \neq g \circ x$ なるものが存在することをいう．Set の場合，直感的にいえば終対象 1 は「1 点集合」に対応する．そして，1 からの X への射のことを X の「要素」(「点」) とみなして集合論を展開するのだ．

N ● 射の違いを要素の立場から判定できるくらい充分な要素があるという意味で "well" なんだな．

S ● そうだ．三つ目の条件は，見慣れた形ではないかもしれないが選択公理で，「分裂」というのは全射 $f: X \longrightarrow Y$ に対して射 $s: Y \longrightarrow X$ で $f \circ s = 1_Y$ なるものが存在するということだ．ちなみにこのような s は「切断」と呼ばれる．有限集合から有限集合の全射を図でも描きながら考えてみれば，なぜこれが「選択」公理なのかわかるはずだ．このことが有限集合のみならず任意の集合において成り立つというのが選択公理ということになる．

N ● こんな形で言い換えられるんだな．四つ目は，「自然数」を圏の内側で取り扱えるようにするための条件か．

S ● そうだな．「自然数対象」というのは，あらゆる「列」を生成するようなものとして定義される．「列」とは

- 最初のものが存在する
- それぞれのものに対して次のものがただ一つある

というもので，これらを $1 \xrightarrow{a} X \xrightarrow{f} X$ で表現しよう．

N ● a が「最初のもの」で f が次のものへの対応だな．

S ● ここでも積と同じように「ある性質を持った特別なもの」という二段構えで「自然数対象」を定める．**自然数対象 (natural number object)** N とは，要素 $0: 1 \longrightarrow N$[4)] と射 $s: N \longrightarrow N$ とを備えたもので，ほかにこ

の条件をみたす $1 \xrightarrow{a} X \xrightarrow{f} X$ があったときには射 $u : N \longrightarrow X$ で

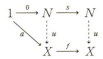

の左の三角形,右の四角形をを可換にするものが存在するものをいう.
「可換」というのは合成の方法によらずに結果が同じことを意味し,たとえば右の四角形の可換性とは

$$f \circ u = u \circ s$$

のことだ.

N● 要するに s というのは各自然数を「次の自然数」にうつす写像にあたるもので,一般の数列や点列などの「列」における「次のものをとる」という操作を表現できるというわけだな.

S● 実のところ,この考え方は列を扱っているときに無意識に用いられている.u を,自然数全体から X への写像とみれば,これは列 $u : n \mapsto u_n$ を表しているといえる.$f \circ u$ は「u_n を f に代入したもの」,$u \circ s$ は n の次のものが $n+1$ なのだから「u_{n+1}」を表している.したがって,$f \circ u = u \circ s$ は,「$u_{n+1} = f(u_n)$」ということにすぎない.高校数学で習う「漸化式」というやつだな.要するに,この公理が言っているのは,「漸化式 $u_{n+1} = f(u_n)$ は(初期条件 $u_0 = a$ のもとで)ただひとつの解をもつ」ということだ.

N● なんだ,そんな当たり前のことを長々と論じていたのか.

S● 当たり前といえば当たり前だが,考えてみれば「漸化式がただひとつの解をもつ」ということが自然数の概念の本質だというのは心憎い定式化ではないだろうか.それに,これらの公理を認めれば,実数の構成をはじめ「おなじみの数学」はいつも通りにきちんと展開できる.まあ,ここではそこまではやらないが.より深く味わうには,原典の Lawvere にあたると良いだろう[5].また,ウェブ検索をすれば,より洗練された公理化についても調べられる.なに,必要事項やそのための予備知識は煎じ詰めればそれほど多くない.まとめてやったノート(附録B)を読んできたまえ.

A.2 無限解析入門

N● 読んできたぞ．

S● ほう，それはでかした．あ，なんだ君，そんなに酒の匂いをまき散らして．

N● 「読め」とは言われたが，「飲むな」とは言われなかったからな．それに酒もなく数学ができるわけがないだろうが．

S● ううん，抜け駆けするとはなんて奴だ．

N● ふん．それより，まあ，集合論を圏論的に味わい深い方法で述べなおせることはわかったけれど，肝心の位相構造の方はどうするんだ？

S● 私は反骨精神にあふれているからな，位相構造の方も従来のものから逸脱しつつも見通しの良い方法によって論じていこう．その方法は，古くはライプニッツに由来し，微積分の源流でありながらもいったんは打ち捨てられ，20世紀にアブラハム・ロビンソンが「超準解析」とよばれる理論においてよみがえらせた理念を，圏論の立場から再定式化するものだ．私はこれを，偉大な先人たちの用語法にならい，「無限解析」と名付けたいと思う．

N● ライプニッツ-ロビンソン-西郷理論と名付けるかと思って心配したが，君も連載を通じて少しは大人になったのだな．ところで，宣伝文句はよいとして，無限解析とはいったい何なのだ．

S● それを説明しようというのが，君をわざわざ呼び出した理由なのだ．まず，この方法のポイントを直感的に述べれば，あらゆる数学的なシステムを「解像度」を上げて見直す，ということだ．

N● 「解像度を上げる」？ またよくわからん言葉を使って．

S● たとえば，我々は日ごろ，「数直線」をわかったようなつもりで論じているが，よく考えてみると「実数のすべて」をひとつひとつ身元確認しているわけでもない．「数直線上の点全体」の集合というのをとりあえず考えて，$\mathbb{R}$ などと分かったような記号で書くわけだが，それはいわば「肉眼で見える星々の集合」のようなものにすぎず，ある望遠鏡を用いて見直してみれば，もっとたくさん星々が見えてくるのかもしれない．そうした望遠鏡を用いて解像度を上げたときに見える星々の集合は，肉眼で見える星々の集合をその一部分として含むより大きな集合になってい

るかも知れない．そしてさらに解像度を上げて…というふうに，繰り返して考えることもできるだろう．こんなふうに，いままで「これが全部だ」と思っていたものが，より豊かなシステムの一部として埋め込んで考えてみる，それが無限解析の発想だ．

N● もちろんそういう想像をするのは自由だが，いったいそんなことを考えて何になるのだ．

S● 役に立ちすぎて何から話せばいいのかわからないが，たとえばそういう想像力によって，「ものすごく小さな数」というような概念を数学に取り込むことが可能になる．つまり，「肉眼で見える」どんな実数よりも（絶対値が）小さい，「解像度を上げると見える」実数 =「無限小」があるとすれば，微積分が「まるで代数かのように」扱えるようになるのだ．

N● ふうん，ますます怪しげな感じが漂ってくるなあ．

S● まあとにかく，そういったものがうまく導入できたとしてみたまえ．こうすると，後でちゃんと示すが，たとえば関数の連続性を「入力の変動が無限小のとき，出力の変動もまた無限小である」ことと言い換えられるんだ．数学用語でなく「連続」というと，「少しだけ動かしたときにそう大きくは変化しない」とイメージさせるが，これをそのまま書き下せるということだ．

N● 普通は，いわゆる ε-δ 論法による定義を使うが，この定義と同等になるということか？

S● そういうことだ．無限小を取り入れることで，$\lim_{\varepsilon \to 0}$ といった極限操作なしで，「ほとんど代数」の問題として扱えるようになるんだ．

N● なるほど，なかなか便利そうじゃないか．それで，どう「うまく導入」するんだ？

S● よくぞ聞いてくれた．その導入に，圏論がきわめて効果的に使えるのだ．鍵となるのは Set から Set への解像関手 φ，それに Set の恒等関手 $\mathrm{id}_{\mathsf{Set}}$ から φ への自然変換 $\iota : \mathrm{id}_{\mathsf{Set}} \Longrightarrow \varphi$ だ．直感的にいえば，φ とは，各集合や関数に対して「一段解像度を上げた」ときに見えてくるより豊かな集合や関数を対応させる操作にあたる．また ι は，もちろん，もとの集合を高解像度の集合の一部として「自然に埋め込む」役割を果たすものだ．これらは今から説明する二つの公理をみたすもので，実際そういうものが存在するということは超冪を用いたモデルを構成することでわかるが，

ここでは扱わない．一つ目の公理は次の通り：

初等公理

φ は任意の有限極限，また有限和を保存する．

「初等」というのは，冪を保存することを要請していないからだ．これは，やみくもに解像度を上げるというのではなく，有限極限や有限和の構造をうまく保ちながら上げるということだ．

N ● 一部分だけ極端に解像度を上げることで全体の構造を壊してはいけないということか．

S ● そんなところだな．さて，この公理だけでも，結構いろいろなことが示せる．まず射に関していえば，トポスでは単射はある平行射の 解(イコライザ) だから，φ でうつしても単射は単射にうつる．全射は選択公理により分裂するから，これまた全射にうつる．したがってある射の単射全射分解は，φ でうつった先でも単射全射分解になっている．特に像は保存されるということだ．あとは，終対象 1 と有限和とが保存されることから $\Omega = 2 = 1+1$ が保存される．もっと言えば，有限集合が保存される．まとめておこう：

定理

初等公理をみたす関手 $\varphi : \mathrm{Set} \longrightarrow \mathrm{Set}$ は，単射，全射，単射全射分解，像，Ω，有限集合を保存する．

N ● いろいろと「論理」を保ってくれているようだな．

S ● 先程も注意したように冪の保存を要請していないから，いわゆる「論理関手」ではないのだが，その通り．だがこのことが後々効いてくるのだ．φ の性質をさらに見て行こう．まず φ は忠実関手だ．関手が忠実であるというのは，任意の対象 A, B に対し「A から B への異なる射を異なる射にうつす」ということだ[6]．$f, g : X \longrightarrow Y$ で $f \neq g$ なるものを考えよう．このとき well-pointed の仮定から $x : 1 \longrightarrow X$ で $f \circ x \neq g \circ x$ なるものが存在する．

N ● "$\neq$" だから，そのまま φ でうつしてもうまくいきそうにないな．

S ● ところが，少し準備が必要だが，うまくいくんだ．まず $X \underset{g}{\overset{f}{\rightrightarrows}} Y$ から $f \times g : X \times X \longrightarrow Y \times Y$ が定まる．X の対角射を Δ_X，Y の対角射 Δ_Y の特性写像を δ_Y としよう．これらを合成すると X から Ω への射

$$X \xrightarrow{\Delta_X} X \times X \xrightarrow{f \times g} Y \times Y \xrightarrow{\delta_Y} \Omega$$

が得られる．

N ● なんだ，長ったらしいものになったな．「要素」$a : 1 \longrightarrow X$ を使って考えると，まず最初の Δ_X で a のペア $\begin{pmatrix} a \\ a \end{pmatrix}$ にうつって，$f \times g$ でこれが $\begin{pmatrix} f \circ a \\ g \circ a \end{pmatrix}$ にうつる．最後の δ_Y は Δ_Y の特性写像だから，$f \circ a = g \circ a$ なら True に，そうでないなら False にうつるわけか．

S ● というわけで先程の条件に相当するものが射の合成で表せたわけだ．$x : 1 \longrightarrow X$ に対しては False にうつることになるが，True が欲しければ True と False とを反転させるような射 $\neg$ を最後に合成すればよろしい．これは False $: 1 \longrightarrow \Omega$ の特性写像として定められる．ここで注意してほしいのは，現れた射が対角射，積，特性写像とすべて φ で保存されるものだということだ．そんなわけで，$f \circ x \neq g \circ x$ の "$\neq$" は保存されて $\varphi(f) \circ \varphi(x) \neq \varphi(g) \circ \varphi(x)$ がいえて，はれて $\varphi(f) \neq \varphi(g)$ が従う．すなわち φ は忠実である．

N ● ふうん，なかなかうまくいくもんだな．

S ● φ が忠実なだけでなく，実は ι の各成分は単射なんだ．

N ● 実はもなにも，君，最初に自然変換 ι が「埋め込む」と言っていたじゃないか[7]．

S ● なんと，君は人の話を聴く能力をもっていたのかね．これは驚きだ．Set の対象，すなわち集合 X を固定して $\iota_X : X \longrightarrow \varphi(X)$ を考えよう．Set は well-pointed だから単射性をいうのには「要素」だけを考えれば良い．$x, y : 1 \longrightarrow X$ に対して $\iota_X \circ x = \iota_X \circ y$ とする．さて，φ は終対象 1 を保存するから，ι が自然変換であることから

$$\begin{array}{ccc} X & \xleftarrow{x} & 1 \\ {\scriptstyle \iota_X} \downarrow & & \| \\ \varphi(X) & \xleftarrow[\varphi(x)]{} & 1 \end{array}$$

は可換となる．つまり $\iota_X \circ x = \varphi(x)$ だ．すると仮定から $\varphi(x) = \varphi(y)$ となって，φ が忠実であることから $x = y$ がいえて，終わりだ．

N ● なるほど，たしかに $\iota_X : X \longrightarrow \varphi(X)$ は「埋め込み」と表現するに適っ

たもののようだな．

S● こういうふうに X をあたかも $\varphi(X)$ の部分集合のように考えると，$f: X \longrightarrow Y$ を φ でうつした $\varphi(f): \varphi(X) \longrightarrow \varphi(Y)$ は，「f から導かれた」とか「f を持ち上げた」とかと考えたくなる．さて次が先程から注意しているように冪が必ずしも保存されないという「隙」を突いた話だ．

定義

Set の対象 X, Y に対し，付値 $Y^X \times X \longrightarrow Y$ を ε_Y^X と表す．$\varphi(\varepsilon_Y^X)$ の域は
$$\varphi(Y^X \times X) \simeq \varphi(Y^X) \times \varphi(X)$$
であるから，$\varphi(\varepsilon_Y^X)$ を λ 変換することで射 $\varphi(Y^X) \longrightarrow \varphi(Y)^{\varphi(X)}$ が得られる．これを κ_Y^X とする．

N● さっきのものと合わせてまとめると
$$Y^X \xrightarrow{\iota_{Y^X}} \varphi(Y^X) \xrightarrow{\kappa_Y^X} \varphi(Y)^{\varphi(X)}$$
ということだな．

S● そういうことだ．「超準解析」の専門用語を使っていくつもりはないが（そして実際論理的には不要だ），起源に敬意をはらって，一応「標準／超準」，「内的／外的」といった用語をまとめておこう．Y^X の要素を**標準**(standard)，$\varphi(Y^X)$ のうち ι_{Y^X} の像に含まれないものを**超準**(nonstandard)と呼ぶ．また，$\varphi(Y^X)$ の要素を**内的**(internal)，$\varphi(Y)^{\varphi(X)}$ のうち κ_Y^X の像に含まれないものを**外的**(external)と呼ぶ．ただし，これらは X, Y を定めるごとに変化するということに注意してくれ．この見方の利点はまさにここにあって，最早「超準」だとか「外的」だとかいう語を恐れなくて良いということだ．ある要素が，ある X, Y のもとで超準だったとしても別の X', Y' については標準だったりするわけだからな．もっといえば，$\varphi(X)$ の解像度をさらに上げて $\varphi(\varphi(X))$ について考えることだってできる．先程も言ったが，「無限解析」の名は，このいくらでも解像度を上げることができるという立場をはっきりさせるためのものだ．

N● "Never Ending Analysis" でも良いのではないか．

S● 「超準」いらずの超準解析とかな．まあ，このあたりのことはこの程度に

して，この二段階の埋め込みについてもう少し詳しく見て行こう．射 $f: X \longrightarrow Y$ を任意にとってくる．$X \simeq 1 \times X$ だから，f は $1 \times X$ からの射ともいえる．そこでこの λ 変換 $\tilde{f}: 1 \longrightarrow Y^X$ を考えよう．そして二段階の埋め込みでうつった先 $\kappa_Y^X \circ \iota_{Y^X} \circ \tilde{f}$ は，最終的には 1 から $\varphi(Y)^{\varphi(X)}$ への射なわけだが，逆 λ 変換を考えれば $\varphi(X)$ から $\varphi(Y)$ への射が得られる．そしてうまい具合に，これが $\varphi(f)$ に一致するんだ．

N● ふうん，そんなにきれいに物事が運ぶものかねえ．なにか後ろ暗いことをして，僕を騙そうとしているんじゃないか．

S● 君を騙してなんの得があるっていうんだ．疑うなら自分で計算したまえ．

N● 仕方ない．逆 λ 変換だから，$\varphi(X)$ との積をとって，最後に $\varepsilon_{\varphi(Y)}^{\varphi(X)}$ を合成すれば良いな．κ_Y^X は $\varphi(\varepsilon_Y^X)$ の λ 変換だったから
$$\varepsilon_{\varphi(Y)}^{\varphi(X)} \circ (\kappa_Y^X \times 1_{\varphi(X)}) = \varphi(\varepsilon_Y^X)$$
だということに注意すれば，全体の逆 λ 変換は
$$\varphi(\varepsilon_Y^X) \circ (\iota_{Y^X} \times 1_{\varphi(X)}) \circ (\tilde{f} \times 1_{\varphi(X)})$$
と3つの射の合成として表せるな．後ろ2つの射の合成は $(\iota_{Y^X} \circ \tilde{f}) \times 1_{\varphi(X)}$ だけれど，$\iota_{Y^X} \circ \tilde{f} = \varphi(\tilde{f})$ だからまとめると
$$\varphi(\varepsilon_Y^X) \circ (\varphi(\tilde{f}) \times 1_{\varphi(X)}) = \varphi(\varepsilon_Y^X) \circ \varphi(\tilde{f} \times 1_X)$$
$$= \varphi(\varepsilon_Y^X \circ (\tilde{f} \times 1_X))$$
$$= \varphi(f)$$
となって，おや本当じゃないか．

S● だから言ったじゃないか．逆 λ 変換する前の形で述べれば
$$\kappa_Y^X \circ \iota_{Y^X} \circ \tilde{f} = \widetilde{\varphi(f)}$$
ということだ．λ 変換が一対一の対応であること，φ が忠実であることから，二段階の「埋め込み」をまとめた $\kappa_Y^X \circ \iota_{Y^X}$ もまた単射であることがわかる．さあここからは，特に違いに注意したい場合を除いては，ι だとか κ だとかは省略していこう．これは，先程も言ったが $\varphi(f): \varphi(X) \longrightarrow \varphi(Y)$ を $f: X \longrightarrow Y$ から導かれたものとみなして同一視してしまうということだ．

N● 記号の濫用なら，我々の得意とするところだな．

S● その通りだ．さて，Set の対象から Ω への射を「性質」とみなしたうえで，φ が「論理」においていかなる役割を果たすのか見ていこうじゃないか．だがその前にちょっと記号の整理をしておこう．書きやすさ，見

やすさを考えて，普通の集合論の記号を使いたいんだ．射 $x: 1 \longrightarrow X$ が存在するとき，これを X の要素だとか点だとか呼んでいたが，いさぎよく「$x \in X$」と書いてしまおう．また，$P: X \longrightarrow \Omega$ に対して，$P \circ x =$ True のことを単に「$P(x)$」と書いて「x が性質 P を持つ」と解釈する．

N● たとえば「任意の $x: 1 \longrightarrow X$ に対して $P \circ x =$ True である」ことを「$\forall x \in X\ P(X)$」のように書くということだな．

S● そう，これで大分見やすくなった．見やすいことは理解に要する時間を節約してくれるから重要なことだ．さて，まさに「$\forall x \in X\ P(X)$」について考えていくが，実はこの場合 $P =$ True $\circ\ !_X$ と分解できるんだ．実際，まず True $\circ\ !_X$ は X から Ω への射であるし，また P と同様，任意の $x: 1 \longrightarrow X$ に対して True $\circ\ !_X \circ x =$ True $\circ\ 1_1 =$ True となるから，well-pointed であることから両者は等しい．このことに注意すると，最初に述べた φ が像を保存することから，次の興味深い結果が得られる：

定理[移行原理]

任意の性質 $P: X \longrightarrow \Omega$ について，
$$\forall x \in X\ P(X) \iff \forall x \in \varphi(X)\ P(x)$$
である．

要は，性質 P について調べる際に，X のすべての要素が性質 P を持つことがいえれば，$\varphi(X)$ のすべての要素についてもそうだといえるということだ．

N● 論理構造について，なかなか稠密に埋め込まれているようだな．

S● あとで少し触れるが，これはエドワード・ネルソンの内部集合論の「移行原理」の単純なバージョンだ．双対的に存在命題の形に直せば次の通り：

定理[移行原理；双対]

任意の性質 $P: X \longrightarrow \Omega$ について，
$$\exists x \in X\ P(x) \iff \exists x \in \varphi(X)\ P(x)$$
である．

N● こちらについては，性質 P を持つ $x \in \varphi(X)$ が存在すれば X の要素でも

性質 P を持つものが存在するということだな．

S● そうなるな．さて，これは 1 変数の性質についての話だったが，次は 2 変数の性質，あるいは二項関係 $X \times Y \longrightarrow \Omega$ について考えよう．

N● 我々のそもそもの動機付けにおいては，「x と y とが近い」ということをどう定式化するかが根本的な問題だからな．だが，点を片方固定してしまえば，1 変数の性質に帰着させられるのではないか？

S● 実は第二の公理である「有限性公理」は，そういった操作に深く関係している．単なる性質(1 変数の性質)と異なり，二項関係の面白くも難しい点は，「任意」と「存在」のからみ目を解くことの困難さにある．「任意の x に対してある y が存在して，x は y を愛している」ことと「ある y が存在して任意の x は y を愛している」こととはまったく違う．しかし，「有限性公理」が主張することは，「解像度を上げる」ことにより，ある有限性の条件のもとでそのからみ目が解けるということなのだ．実際，あとで述べるように，この有限性公理は典型的な場合には「量化子 $\forall, \exists$ の交換可能性」を導くことになる．

N● 無限解析を特徴付けるのが「有限性公理」だというのは興味深いな．「有限の立場」に立つからこそ，無限についての自由な想像力をはばたかせても矛盾が起こらないといったことか．

S● まさにそういう感じだ．では，きちんと述べよう．X の有限部分集合全体を $\mathcal{P}_{\mathrm{fin}}(X)$ と書くと，有限性公理は次のように述べられる：

有限性公理

任意の二項関係 $P : X \times Y \longrightarrow \Omega$ について，
$$\forall X' \in \mathcal{P}_{\mathrm{fin}}(X) \, \exists y \in \varphi(Y) \, \forall x \in X' \; P(x,y)$$
$$\Longleftrightarrow \exists y \in \varphi(Y) \, \forall x \in X \; P(x,y)$$
である．

双対的には次の通り：

有限性公理；双対

任意の二項関係 $P : X \times Y \longrightarrow \Omega$ について，
$$\exists X' \in \mathcal{P}_{\mathrm{fin}}(X) \, \forall y \in \varphi(Y) \, \exists x \in X' \; P(x,y)$$

$$\iff \forall y \in \varphi(Y) \exists x \in X\ P(x,y)$$

である.

N● 有限部分集合について確認すれば,全体についても確認できたことになるということだな.だが,これがどう「任意と存在の交換」につながるんだ?

S● そのためにはもう少し設定が必要だ. X に順序 $\leq$ が定まっていて, $(X, \leq)$ が有向集合になっているとする.つまり任意の $X' \in \mathcal{P}_{\mathrm{fin}}(X)$ が上界を持つということだ.そしてさらに, P は,なんらかの x_0 に対して $P(x_0, y)$ なら, $x \leq x_0$ なるすべての x に対して $P(x, y)$ であるという「フィルター条件」をみたすものとしよう[8]:

定義

性質 $P: X \longrightarrow \Omega$ がフィルター条件をみたすとは,任意の $x_0 \in X$ に対して
$$P(x_0) \implies \forall x \in X(x \leq x_0 \implies P(x))$$
であることをいう.

このとき,次が成り立つ:

定理[可換原理]

$(X, \leq)$ は有向集合とし,性質 $P: X \times Y \longrightarrow \Omega$ は,各 y に対して $P(\cdot, y): X \longrightarrow \Omega$ がフィルター条件をみたすものとする.このとき
$$\forall x \in X \exists y \in \varphi(Y)\ P(x,y) \iff \exists y \in \varphi(Y) \forall x \in X\ P(x,y)$$
である.

右側の条件の方が強いから,左から右を導くため左側の条件を仮定しよう.まず $X' \in \mathcal{P}_{\mathrm{fin}}(X)$ を任意に固定し, X' の上界を x_0 とする.仮定から $P(x_0, y)$ であるような $y \in \varphi(Y)$ が存在するから,フィルター条件によって $x \leq x_0$ なる任意の x に対して $P(x, y)$ だ. x_0 は X' の上界なのだから,特に任意の $x \in X'$ について成り立つということで,つまりは

$$\forall X' \in \mathcal{P}_{\mathrm{fin}}(X)\, \exists y \in \varphi(Y)\, \forall x \in X'\ P(x,y)$$
なわけだ.よって,有限性公理により右側の条件が出る.

N● 各 x について $P(x,y)$ であるような y があれば,x によらない y で,すべての x について $P(x,y)$ であるようなものが存在するということか.非常に強いことを述べているな.

S● そう.一言に「交換可能」といっても,この主張は大変重い.さてこれを用いれば,「無限小」を定めるために使える「無限大自然数」の存在が示せる.

N● なんだそれは.

S● いかなる「普通の自然数」よりも大きな自然数のことだ.

N● 「無限大自然数」というよくわからない言葉が「普通の自然数より大きな自然数」というよくわからない言葉に変わっただけじゃないか.そのようにわけのわからない言葉を弄んで無辜の民を翻弄するのが学者の仕事というわけか.

S● 君,そのように鋭い指摘をおこなってはいけない.学会から追放されるぞ.

N● 追放されるもなにも,僕はどんな学会にも属していないぞ.

S● そらみろ,「学会から追放される」は「学会に属していれば,その学会から追放される」という意味だが,君の場合前提条件がみたされていないからこの主張は常に真なんだ.

N● ほう,なるほどなあ.年会費を支払わない以外で学会を追放されることがあったとは.実は常々学会には追放されてみたいと思っていたところだ.

S● なぜそんな歪んだ欲望を持つにいたったんだ? まあとにかく鋭い指摘はさまざまなものを鋭く切り裂いてしまうから気を付けたまえ.「普通の自然数」というのは Set の自然数対象 N だと思ってくれ.各 $n \in N$ に対して,これより大きな自然数 m は必ず存在する.$n+1$ とかな.で,この自然数は ι_N によって $\varphi(N)$ の要素ともみなすことができる.よって

$$\forall n \in N\, \exists m \in \varphi(N)\ n \le m$$

が成り立っている.これは可換原理の仮定をみたすから

$$\exists \omega \in \varphi(N)\, \forall n \in N\ n \le \omega$$

ということだ．当然 ω は N の要素でありえないから，あえて先に述べた「標準／超準」の区別を使えば，ω は「超準自然数」といえるな．

> **定理**
>
> $\varphi(N)$ の要素 ω で，任意の $n \in N$ に対して $n \leqq \omega$ なるものが存在する．

さて，「通常の数学」と同じ手順で，N から有理数全体の集合，そして実数全体の集合 R を作ることができるが，ω の逆数 $\frac{1}{\omega}$ は面白い性質を持っている．どれほど小さな正の実数 $r \in R$ を持ってきても，$\frac{1}{\omega}$ はこれより小さいんだ．ところで，「正の実数」とわざわざいうのも面倒なので，正の実数全体の集合を R_+ とでもしておこう．

N● さっきの君の言い方に従えば，「いかなる普通の実数よりも小さな無限小実数」というわけか．$r \in R_+$ に対して $\frac{1}{r} < n$ となる $n \in N$ は常に存在するな．この n 自体は r に依存するけれど，どんな $n \in N$ よりも大きな $\omega \in \varphi(N)$ が存在するから $\frac{1}{r} < \omega$ で，$\frac{1}{\omega} < r$ がわかる．

> **定理**
>
> $\varphi(R)$ の要素 ε で，任意の $r \in R_+$ に対して $|\varepsilon| \leqq r$ なるものが存在する．

S● ひとまず「無限大」，「無限小」についてまとめておこう．

> **定義**
>
> $r \in \varphi(R)$ は，その絶対値がなんらかの $n \in N$ によって $|x| \leqq n$ と抑えられるとき，**有限大**(limited)と呼ばれる．有限大でない $r \in \varphi(R)$ は**無限大**(unlimited)と呼ばれる．また，$r \in \varphi(R)$ は，その絶対値がなんらかの無限大自然数 ω によって $|r| \leqq \frac{1}{\omega}$ と評価されるとき，**無限小**(infinitesimal)と呼ばれる．

N● R に含まれている無限小は 0 だけのようだな．
S● おや，なかなか目ざといじゃないか．そういう「0 のようで 0 でない少

し0のようななにか」をどううまく取り扱うかが鍵ということだ．さて，振り返ってみると我々の無限解析は，初等公理と有限性公理という二つの公理をみたす解像関手を用いた解析にすぎず，恐れるには及ばないことがわかるだろう．偉大なるエドワード・ネルソンの内部集合論(Internal Set Theory; IST)と比較すると，無限解析が圏論的に関手や自然変換を用いたアプローチであるのに対し，彼の内部集合論は通常の公理系に「標準である」という術語を追加するという統語論アプローチをとっている．IST は，「理想化原理(Idealization Principle; I)」，「標準化原理(Standardization Princple)」，「移行原理(Transfer Princple; T)」の3つの原理からなっている．「IST = I+S+T」というわけだ．我々の無限解析との対応だが，Iは有限性公理と対応している[9]．一方，Sはトポスの選択公理と対応している．また，「$\varphi(X)$ 上の性質については X 上で調べれば良い」ことを述べたが，これはTの最も単純な形だ．ちなみに内部集合論においては，移行原理を適用するためには性質が「標準である」ということに関連していてはならない．

N ● 「x は標準である」とか，定義を考えれば「x は無限小である」とかも駄目だな．

S ● 我々の立場でいえば，既に単純な形を定理として述べたときに条件としたように，性質が $X \longrightarrow \Omega$ の形で表されなければならないということにあたる．たとえば，「x は標準である」という $\varphi(X)$ 上の性質は，埋め込み $\iota_X : X \longrightarrow \varphi(X)$ の特性写像 $\chi_{\iota_X} : \varphi(X) \longrightarrow \Omega$ に対応している．もし $P : X \longrightarrow \Omega$ で $\varphi(P) = \chi_{\iota_X}$ となるものが存在すれば，移行原理を適用できることになる．

N ● 「x は標準である」というのは $x \in X$ ということだから，当然 X 上では常に真だな．つまり，移行できれば「すべての $x \in \varphi(X)$ は標準である」ということがいえてしまうということか．

S ● まあそんなことがいえてしまえば，何のための超準解析なんだということになってしまうわけだから，超準解析の立場からいえばこれは否定されなければ困ることだ．もしこういった P が存在すれば，任意の $x \in X$ に対して

$$\varphi(P \circ x) = \varphi(P) \circ \varphi(x) = \chi_{\iota_X} \circ \iota_X \circ x = \text{True}$$

となるから $P \circ x = \text{True}$ で，よって，well-pointed の仮定から $P = 1_X$

となる．$\varphi(P) = 1_{\varphi(X)}$ となるから矛盾だ．

N ● なるほど．「x は標準である」というのは，$\varphi(X)$ という「外部」があって初めて恒等射と区別できることだものな．

S ● 無理矢理移行原理が適用できる形でいえば「x は標準である」でなく「x は X の要素である」ということで，これを移行すれば「$\varphi(x)$ は $\varphi(X)$ の要素である」となって，問題なくなる．

N ● 無限解析の立場では性質を射の形で表すから，性質自体もまた周りに合わせて移行されることになるわけか．

S ● そういうことだな．このあたりについては機会があれば議論するとして，いよいよ位相構造について述べていく．以下では簡単のため，距離空間を例に調べていくが，別に距離空間にしか適応できないというわけではない．

N ● 距離空間というと，その集合の上に何らかの「距離」が定まることと考えて良いのか？

S ● 何を不安がっているんだ．もちろん，次のように普通どおり定義すればよい：

定義

集合 X と写像 $d : X \times X \to R_+$ との組 (X, d) が距離空間であるとは，以下の3条件を満たすことである：

- 任意の $x \in X$ に対し，$d(x, x) = 0$．
- 任意の $x, y \in X$ に対し，$d(x, y) = d(y, x)$．
- 任意の $x, y, z \in X$ に対し，
  $d(x, z) + d(z, y) \geq d(x, y)$．（三角不等式）

N ● なんだ，普通の定義じゃないか．

S ● だからさっきから言っているだろう．無限解析においては，これまで知られた数学的概念を何ひとつ棄てる必要はない．もちろん棄てたければ棄ててもいいけれど，大切なことは「過去の一切を一掃する」ことではなく，むしろ解像関手という新しい道具を使うことで，いままでと違った面白い道筋が豊かに生まれるということなんだから．そもそも超準解

析自体がそうなのだが，無限解析ではそのことがより一層明確になると思う．

N ● それは良かった．常識と異なる違う宇宙に連れていかれるわけではないのだな．

S ● なんといっても，解像関手は「Setからそれ自身への関手（自己関手）」なのだからな．さて，そのうえで，距離空間の理論「いままでと違った面白い道筋」を考える鍵となるのは，「無限に小さい」ものを活用した「無限に近い」という概念だ（実際には，一般の位相空間に適用可能な形にできるが，ここでは措く）．ここからは解析らしさを出すために，たとえば「要素 $x: 1 \longrightarrow X$ と射 $f: X \longrightarrow Y$ とを合成して得られる Y の要素 $f \circ x$」なんかは，「関数 $f: X \longrightarrow Y$ の点 $x \in X$ における値」と解釈して $f(x)$ と表すことにしよう．

定義

(X, d) は距離空間とする．$\varphi(X)$ 上の二項関係 $\approx$ を
$$x \approx y \iff d(x, y) が（正の）無限小$$
によって定義し，$x \approx y$ なる x, y について，x は y に**無限に近い** (infinitely close) と呼ぶ．

簡単にわかることだが，$\approx$ は同値関係だ．

N ● 同値関係というと，

- 反射律 $x \approx x$.
- 対称律 $x \approx y$ ならば $y \approx x$.
- 推移律 「$x \approx z$ かつ $z \approx y$」ならば $x \approx y$.

が成り立つということだな．反射律は0が無限小だから成り立つし，対称律は距離関数 d 自体が対称律をみたすことから良い．推移律は，三角不等式と無限小と無限小との和がまた無限小であることからわかるな．

S ● その通りだ．このようにして，距離関数から，「解像度を上げた集合」における同値関係が定まることになる．一般に同値関係はある種の「同じさ」として捉えられるが，ここでは直感的に言えば「無限に近い」とい

う関係だと思えばいい.

N ● まあ感覚的には自然な定義だな. だが, そもそもこんな定義をしてしまって何かに使えるのか?

S ● これこそが, 無限解析ではさまざまなものごとを直感的に扱えることの一例で「無限に近い」という関係を用いると, 連続関数を「無限に近いものを無限に近いものにうつす関数」と特徴付けることができるんだ:

定理

$(X_0, d_0), (X_1, d_1)$ は距離空間とし, それぞれの空間上での無限の近さを表す関係を $\approx_0, \approx_1$ とする. 写像 $f : X_0 \longrightarrow X_1$ が点 $x \in X_0$ において連続であることと
$$\forall y \in \varphi(X_0)(x \approx_0 y \Longrightarrow f(x) \approx_1 f(y))$$
であることとは同値である.

「y が x に無限に近ければ, $f(y)$ は $f(x)$ に無限に近い」ということで, 「連続」という語が持つイメージそのままになっている. 証明は, 通常の論理学の「$P \Longrightarrow Q$」が「$\neg P \vee Q$」と同値であることとか, 変数の束縛 (「任意」および「存在」との関係) などに注意して, 無限解析における量化子の操作を適用すれば良い.

N ● そういわれても良くわからんがなあ. 「無限に近い」を定義に戻って言い換えて, 含意を変形すれば, 括弧の中身は
$$(\exists \delta \in R_+ \ d_0(x,y) \geqq \delta) \vee (\forall \varepsilon \in R_+ \ d_1(f(x), f(y)) < \varepsilon)$$
と同値だな. δ, ε をまとめた上で選言を含意に戻せば
$$\forall \varepsilon \in R_+ \exists \delta \in R_+ (d_0(x,y) < \delta \Longrightarrow d_1(f(x), f(y)) < \varepsilon)$$
となって, 馴染み深い形が出てきた.

S ● この括弧内の「馴染み深い形」は $P_{\varepsilon\text{-}\delta}$ とでも書いてしまえば, あとは今までの議論から
$$\forall y \in \varphi(X_0) \ \forall \varepsilon \in R_+ \exists \delta \in R_+ P_{\varepsilon\text{-}\delta}$$
$$\Longleftrightarrow \forall \varepsilon \in R_+ \forall y \in \varphi(X_0) \exists \delta \in R_+ P_{\varepsilon\text{-}\delta}$$
$$\Longleftrightarrow \forall \varepsilon \in R_+ \exists \delta \in R_+ \forall y \in \varphi(X_0) P_{\varepsilon\text{-}\delta}$$
$$\Longleftrightarrow \forall \varepsilon \in R_+ \exists \delta \in R_+ \forall y \in X_0 P_{\varepsilon\text{-}\delta}$$
となって, 通常の ε-δ 論法による定義が出てきた.

N ● なるほど，覚えやすく味わい深い定式化だな．
S ● すべての $x \in X_0$ で連続な関数を X 上の連続関数と呼ぶのは通常の定義と同じだ．だが，この定式化によれば次のような結果が得られる：

> **定理**
>
> $(X_0, d_0), (X_1, d_1)$ は距離空間とする．写像 $f: X_0 \longrightarrow X_1$ が X_0 上一様連続であることと，f がすべての $x \in \varphi(X_0)$ で連続なこととは同値である．

標準な点で連続なら通常の連続関数，標準な点以外でも連続なら一様連続，と非常にわかりやすく違いを述べることができる．先程の証明の最終行から出発すれば

$$\forall x \in \varphi(X_0) \, \forall \varepsilon \in R_+ \, \exists \delta \in R_+ \, \forall y \in X_0 \, P_{\varepsilon\text{-}\delta}$$
$$\iff \forall \varepsilon \in R_+ \, \forall x \in \varphi(X_0) \, \exists \delta \in R_+ \, \forall y \in X_0 \, P_{\varepsilon\text{-}\delta}$$
$$\iff \forall \varepsilon \in R_+ \, \exists \delta \in R_+ \, \forall x \in \varphi(X_0) \, \forall y \in X_0 \, P_{\varepsilon\text{-}\delta}$$
$$\iff \forall \varepsilon \in R_+ \, \exists \delta \in R_+ \, \forall x \in X_0 \, \forall y \in X_0 \, P_{\varepsilon\text{-}\delta}$$

となって，一様連続であることがわかる．

A.3 いくつかの応用

N ● なるほど，たしかに直感的で納得しやすい形になるようだ．
S ● 一言でいえば，いったん $\varphi(R)$ の立場に立って R の性質を調べるということだな．もう少し応用例を紹介したいが，その前に $\varphi(R)$ の結果を R に戻す上で重要なことを述べておかなければならない．
N ● 理想的な世界に行ったきりでは意味がないからな．「色即是空」と「空即是色」とはセットでなくてはならない．
S ● それは正しい比喩なのか？ まあどうでも良いか．重要なことというのは，先程無限小を定義した際に君が指摘した「R の無限小は 0 のみである」ということと関係している：

> **定理**
>
> $x \in \varphi(R)$ が有限大なら，$r \in R$ で $x \approx r$ となるものがただ一つ存

在する.

これ自体は，まあ簡単な話で，まず x は有限大だから $n \in N$ で $|x| \leq n$ となるものがとれる. R の集合 $\{t \in R \mid t \leq x\}$ を考えると，$-n$ はここに属するから空ではない. したがって最小上界 $r \in R$ が存在する. 最小上界ということは，もし $m \in N$ で $r < x - \dfrac{1}{n}$ となったり，あるいは $r > x + \dfrac{1}{n}$ となったりするようなものが存在してはいけないということだ.

N ● 少しでもそういった「隙」が存在すれば，別のものがとれるものな. ということは，すべての $m \in N$ に対して $|r - x| < \dfrac{1}{n}$ で，$r - x \approx 0$ がしたがうわけか. 一意性は R の無限小が 0 のみであることから明らかだな.

S ● R では1点のように見えていたものが，φ で解像度を上げてよく見ると実は小さな広がりを持っていた，というようなイメージだ. ここで得られた r を x の**標準部分**(standard part)と呼んで，$\mathrm{st}(x)$ と表す. ちなみに，「標準部分が(存在すれば)ただひとつに定まる」という性質こそ，位相空間論でいう「ハウスドルフ性」にあたるものなのだが，ここでは措く. さあ，では早速応用として本編中でも用いた「中間値の定理」を証明してみようか.

中間値の定理

区間 $[0, 1]$ 上の連続関数 f が $f(0) < 0 < f(1)$ をみたすとき，$c \in (0, 1)$ で $f(c) = 0$ なるものが存在する.

方向性は，区間をものすごく細かく分割してつぶさに見て行けば，連続なんだしどこかで 0 に無限に近くなるだろう，という感じだな. だがその前に，「$\mathbb{R}$ の空でない有限部分集合は必ず最大値(最小値)を持つ」ということに注意してくれ. これに移行原理を適用すると「$\varphi(\mathbb{R})$ の空でない超有限部分集合は必ず最大値(最小値)を持つ」ことがいえる.

N ● なんだ，その「超有限」という怪しい言葉は. なんとなく「超常連」に似ているが.

S ● 誰もかれもが山下達郎のラジオ番組を聞いていると思うな.「有限集合」というのは，ある自然数 n に対して，「要素の個数が n 個」だとかもっと詳しくは「集合 $\{1, 2, \cdots, n\}$ と同型」だとかいえる集合のことだった.

$\varphi(X)$ の部分集合が「超有限」であるとは，それが $\varphi(2^X)$ （の κ による像）に属し，ある無限大自然数 ω に対して「要素の個数が ω 個」となることだ．

N ● なるほど，個数を表す自然数 $n \in N$ に対して移行原理を用いて $\omega \in \varphi(N)$ についての性質にしたわけか．

S ● 無限大自然数 ω を一つとって，区間を ω 等分する．$0 \leqq \eta \leqq \omega$ なる η に対して，$t_{\omega,\eta} = \dfrac{\eta}{\omega}$ とおいて，超有限集合
$$X_\omega = \{0 \leqq \eta \leqq \omega | f(t_{\omega,\eta}) \leqq 0\}$$
を考えると，$0 \in X_\omega$ だからこれは空ではない．最大値を μ とすれば，$f(1) < 0$ だから $\mu \leqq \omega - 1$ で，よって $t_{\omega,\mu}, t_{\omega,\mu+1} \in [0,1]$ だ．この2点での f の値について
$$f(t_{\omega,\mu}) \leqq 0 < f(t_{\omega,\mu+1})$$
が成り立つけれど，$t_{\omega,\mu+1} - t_{\omega,\mu} = \dfrac{1}{\omega} \approx 0$ だから，f の連続性から
$$f(t_{\omega,\mu}) \approx f(t_{\omega,\mu+1}) \approx 0$$
がわかる．あとは $t_{\omega,\mu}$ の標準部分を考えて c とおけば，$f(c)$ は，連続性から0に無限に近い．また c は標準だから $f(c)$ も標準で，結局 $f(c) = 0$ とわかる．c の範囲については，$t_{\omega,\mu}$ が0なら $c = 0$，$t_{\omega,\mu} > 0$ なら，$c < 0$ とはなり得ない．どんな負の実数よりも0の方が近いからな．よって $c \geqq 0$ で，$c \leqq 1$ であることも同様に示せるから $c \in [0,1]$ だ．

N ● 最後の議論は何に必要なんだ．

S ● 標準部分をとると大小に少し振れるからな，「以上／以下」が保存されるとは限らないんだ．

N ● ああなるほど．たとえば，正の無限小 x を考えると，標準部分は0だから，$\varphi(R)$ における「$x > 0$」は，st によって R の「$\mathrm{st}(x) \geqq 0$」に変化してしまうな．

S ● あとは，いくら閉区間であっても区間の端点が標準実数でなければ st によって区間は保存されない．こうして考えると，標準実数 $a < b$ によって $[a,b]$ と表される閉区間は st と相性が良い．一般の距離空間でも同様の概念を定義しよう：

定義

(X,d) は距離空間とする．X の部分集合 K で，任意の $x \in \varphi(K)$

が有限大で，その標準部分 st(x) が K に属するようなものを**コンパクト**（compact）と呼ぶ．

圏論的には，「X の部分集合」といったら「X を余域とする単射」と考えるのが筋だろうが，ここでは簡便に域を指していると思ってもらえばいい[10]．実は，これは距離空間に限らず，「一般の位相空間」においても適応できる定理となっている[11]．我々の有限性公理の威力がわかるはずだ．

N ● そういわれて有限性公理を見直してみると，これ自体がどことなく位相空間論におけるコンパクト性をいっている感じだな．

S ● そうだ．だから，本当は「コンパクト性公理」とでもいいたかったが，あの場面でいうとかえって混乱するだろうと思ったので，「有限性公理」といっていた．でも，まあ，似たようなものだろう[12]．さて話を戻すと，上の定義からもわかるように，コンパクトな集合と st とは相性が良い．それに st と連続関数とは相性が良い．ということは，当然コンパクトな集合と連続写像とは相性が良いんだ．たとえば，コンパクトな集合上の連続写像は一様連続となる[13]．さらに，次の重要な定理が成り立つ：

定理

 $(X_0, d_0), (X_1, d_1)$ は距離空間とし，連続な全射 $f: X_0 \longrightarrow X_1$ を考える．X_0 がコンパクトなら X_1 もコンパクトである．

部分集合について考えるのが面倒だから，X_0 全体や全射を用いているけれど，この仮定は，部分集合を制限された距離関数とセットで距離空間とみなし，また写像の像を考えることで取り払える．さて，とにかく $\varphi(X_1)$ の要素をとらないと話が始まらないから，f を φ でうつそうか．

N ● φ は全射を保存するのだから，φ でうつして $f: \varphi(X_0) \longrightarrow \varphi(X_1)$ とみなしても全射で，したがって選択公理により，$s: \varphi(X_1) \longrightarrow \varphi(X_0)$ で，$f \circ s = 1_{\varphi(X_1)}$ となるものが存在する．$y \in \varphi(X_1)$ を任意にとって $x = s(y) \in \varphi(X_0)$ とおく．X_0 はコンパクトだから st(x) $\in X_0$ だ．f の連続性から

$$y = f(x) \approx f(\text{st}(x)) \in X_1$$

となる．よって st(y) $= f(\text{st}(x)) \in X_1$ で X_1 はコンパクトだ．

S● 要するに,「連続写像によってコンパクト性は保たれる」というわけだ. これも一般的な位相空間で成り立つ. さて, この定理と

> **定理**
> R の空でないコンパクト部分集合には最大値が存在する.

という定理とを合わせると

> **定理**
> 距離空間の空でないコンパクト部分集合で定義された連続関数は最大値をとる.

ことがわかる[14]. これもまた, ほんとうは一般の位相空間で OK だ. さらに, 先程中間値の定理のところで述べたとおり

> **定理**
> R の閉区間 $[a, b]$ はコンパクトである.

よってただちに, 本編中でも用いた

> **最大値の定理**
> R の閉区間上の連続関数は最大値をとる.

ことが示せる. もちろん最小値に関しても同様だ. ほんとうはここからが面白いのだが, 本編中で「論理的には語るべきだが語れなかったこと」に限って言えば, ここらあたりで終わるのも悪くはないだろう.

N● 僕としてはこの大仕事が終わるのは大賛成だ. しかし万が一, 読者がその先を知りたかったらどうすればいいんだ.

S● まあ, 一応覚書のようなものをウェブ上に載せてはいるのだが[15], 怠けていて論文にもしていないし分かりやすい解説文でもないから, 宝島のボロ地図のように考えてもらって, もしよかったら読者自らさらに素晴らしい展開を進めてもらえればと思っている.

N ● 無限解析が無限に豊かになっていくことを祈ろう．しかし，生は有限なのだ．酒を飲みに行かねばならない．

S ● では，たかだか超有限回の飲酒に飽きたら，またどこかで，このものがたりの続きを話そう．

註

1) 集合の積や写像の逆像をカバーする概念．
2) 冪集合に相当する概念．
3) 真理値の集合〔True, False〕に相当する概念．
4) この 0 は始対象（空集合）のことではなく，自然数の「最初の要素」0 を指す（ふたつの概念に関連がないというのではないが）．ちなみに，自然数に 0 を入れない数学者も多くいるが，集合論や圏論の通常の風習に習って，我々もまた入れる．位取りの偉大さを鑑みても，0 に「自然数」の地位を与えるほうがいいと思う．
5) W. Lawvere, "Elementary Theory of the Category of Sets", *Proc. Nat. Acad. Sci.* **52** (1964), pp. 1506-1511.
6) 異なる対象を同じ対象にうつしても良いが，「域と余域を共有する」異なる射は異なる射にうつさねばならない．
7) 埋め込むといえば通常「単射」であることが前提されている．
8) y を固定して，$P(x,y)$ を x についての性質とみなして定義を適用している．
9) テクニカルには非自明な違いがあるが，役割として対応する．我々のものは，むしろロビンソンの「共起性原理」に近いが，解像関手の利用により，「使い勝手」としてはネルソンの理想化原理に近いものになっている．
10) それがすっきりしないならば，「位相空間を対象とし連続写像を射とする圏」において考えている，と思ったら良い．
11) 位相空間論を知っている読者は，開集合の定義を無限解析的に言い換えたうえで，普通に定義されたコンパクト性と上の定義が同値であることを確かめてみてほしい．
12) 実際，コンパクト性は（ある方向に一般化された）有限性であるといってもよい．
13) 読者はこの事実を無限解析的に証明してみられたい．
14) R の空でないコンパクト部分集合 K に最大値が存在するという定理については，次のように示せる．まずその有界性から最小上界 $r \in R$ がとれるが，これは充分小さな任意の $\varepsilon \in R_+$ に対して $r-\varepsilon \in K$ であることを意味している．したがって，移行原理により正の無限小 $\varepsilon \in \varphi(R_+)$ に対しても $r-\varepsilon \in K$ となる．$r-\varepsilon \approx r \in R$ だから $\mathrm{st}(r-\varepsilon) = r$ で，K はコンパクトだから $r \in K$ がいえ，これが最大値であることがわかる．
15) https://arxiv.org/abs/1009.0234

附録 B
圏論の基礎

　この附録を読むために必要なのは，基本的な推論の能力，「定義」「定理」などの基本的な言葉遣い，そして「ものを数えられる程度の」自然数についての理解といった「常識」のみではあるが，イメージやストーリーが見えないために理解困難になる可能性もある．そうした読者は，自分に合った圏論の書籍やウェブページ等を適宜参照のこと．なお，以下の内容は本質的には，『現代数学』誌（現代数学社）2017 年 4 月号から連載中の「しゃべくり線型代数」からの抜粋である．

定義[圏]
　以下の条件をみたす**対象**(object)と**射**(morphism)との集まりを**圏**(category)と呼ぶ．

- 各射 f には，二つの対象 $\mathrm{dom}(f)$ と $\mathrm{cod}(f)$ とが紐付けられており，それぞれ**域**(domain)，**余域**(codomain)と呼ぶ．「射 f の域が X，余域が Y である」ことを $f: X \longrightarrow Y$，あるいは $X \xrightarrow{f} Y$ と表し，X から Y への射と呼ぶ．後者の記法のように，矢印を用いて対象，射の関係を表したものを**図式**(diagram)と呼ぶ．
- 各対象 X には，域，余域の双方を X とするような特別な射 1_X が紐付けられており，X の**恒等射**(identity)と呼ぶ．
- 射 f, g で，$\mathrm{cod}(f) = \mathrm{dom}(g)$ なるものがあったとき，つまり
$$Z \xleftarrow{g} Y \xleftarrow{f} X$$
という状況のとき，f, g の**合成**(composition)と呼ばれる X から Z への射が存在し，これを $g \circ f$ と書く．
- 射の合成は**結合律**(associative law)をみたす．すなわち，任意の射 $X \xrightarrow{f} Y \xrightarrow{g} Z \xrightarrow{h} W$ に対して

$$(h \circ g) \circ f = h \circ (g \circ f)$$
が成り立つ．

- 恒等射は**単位律**(unit law)をみたす．すなわち，任意の射 $X \xrightarrow{f} Y$ に対して
$$f \circ 1_X = f = 1_Y \circ f$$
が成り立つ．

図式による表現では，たとえば

のように，複数の矢印をつなげることも許す．また，特に必要でない限り恒等射は省く．この図式では X から Z への射が $h \circ f$ と g との2通り存在しているが，一般に域と余域とを同じくする複数の射が存在している場合にそれらがすべて等しいとき，図式は**可換**(commutative)であるという(今の例では $h \circ f = g$ であるとき).

定義[単射，全射]

左簡約可能な射を**単射**(monomorphism)，右簡約可能な射を**全射**(epimorphism)と呼ぶ．すなわち，射 $f: X \longrightarrow Y$ が単射であるとは，任意の射 $g, h: Z \longrightarrow X$ に対して
$$f \circ g = f \circ h \Longrightarrow g = h$$
をみたすときにいう．また，射 $f: X \longrightarrow Y$ が全射であるとは，任意の射 $g, h: Y \longrightarrow Z$ に対して
$$g \circ f = h \circ f \Longrightarrow g = h$$
をみたすときにいう．

定義[同型]

射 $f: X \longrightarrow Y$ に対して，射 $g: Y \longrightarrow X$ で
$$g \circ f = 1_X, \quad f \circ g = 1_Y$$
をみたすようなものが存在するとき，f を**同型射**(isomorphism)と呼び，X と Y とは**同型**(isomorphic)であるという．g を f の**逆射**

(inverse)と呼び，$g = f^{-1}$ と書く．また，対象 X と Y が同型であるとき，$X \cong Y$ と表す．

定義[終対象，始対象]

圏の対象 1 が**終対象**(terminal object)であるとは，どんな対象 X に対しても射 $X \longrightarrow 1$ がただひとつ存在するときにいう．この射を $!_X$ と書く．また，対象 0 が**始対象**(initial object)であるとは，どんな対象 X に対しても射 $0 \longrightarrow X$ がただひとつ存在するときにいう．終対象や始対象は，一般の圏においては存在するとは限らず，またただひとつとも限らない．しかし，もし存在するならば，終対象どうしや始対象どうしはすべて同型である．

定義[関手]

圏 $\mathcal{C}$ から $\mathcal{D}$ への対応，つまりそれぞれの対象間，射間の間の対応 F が**関手**(functor)であるとは，以下の条件をみたすときにいう：

- $\mathcal{C}$ の射 $f : X \longrightarrow Y$ を $\mathcal{D}$ の射 $F(f) : F(X) \longrightarrow F(Y)$ に対応させる．
- $\mathcal{C}$ の対象 X の恒等射 1_X について，$F(1_X) = 1_{F(X)}$ となる．
- $\mathcal{C}$ の射 f, g の合成 $f \circ g$ について，$F(f \circ g) = F(f) \circ F(g)$ となる．

圏 $\mathcal{D}$ のある対象 Y について，圏 $\mathcal{C}$ の任意の対象を Y に，任意の射を 1_Y にうつす関手を Y が定める**定関手**(constant functor)と呼ぶ．圏 $\mathcal{C}$ から $\mathcal{C}$ 自身への関手を**自己関手**(endofunctor)と呼ぶ．また圏 $\mathcal{C}$ の自己関手のうち，どの対象，射をも自身へうつすような関手を**恒等関手**(identity functor)と呼び，$1_{\mathcal{C}}$ と書く．関手 $\mathcal{A} \xrightarrow{F} \mathcal{B} \xrightarrow{G} \mathcal{C}$ があったとき，$\mathcal{A}$ の各射 f に対して

$$GF(f) := G(F(f))$$

と定めることで，$\mathcal{A}$ から $\mathcal{C}$ への関手 GF を定めることができるが，これを F, G の**合成**(composition)と呼ぶ．

定義[自然変換]

関手 $F, G : \mathcal{C} \longrightarrow \mathcal{D}$ に対して，t が F から G への**自然変換**(natural transform)であるとは，以下の条件をみたすときにいう：

- t は，$\mathcal{C}$ の対象 X に対して，$\mathcal{D}$ の射 $t_X : F(X) \longrightarrow G(X)$ を対応させる．
- $\mathcal{C}$ の射 $f : X \longrightarrow Y$ に対して，$F(X)$ から $G(Y)$ への射として
$$t_Y \circ F(Y) = G(f) \circ t_X$$
が成り立つ．

t が F から G への自然変換であることを $t : F \Longrightarrow G$ と書く．また，対象 X に対して定まる射 t_X のことを t の X **成分**(component)と呼ぶ．各成分における合成を考えることで自然変換の合成(「垂直合成」とよばれる)を定めることができる．

定義[関手圏]

圏 $\mathcal{C}$ から $\mathcal{D}$ への関手を対象とし，関手から関手への自然変換を射とする圏 $\mathrm{Fun}(\mathcal{C}, \mathcal{D})$ を圏 $\mathcal{C}$ から $\mathcal{D}$ への**関手圏**(functor category)と呼ぶ．なお，射の合成としては上に述べた自然変換の合成(垂直合成)をとる．

定義[自然変換の垂直合成と水平合成]

すでに述べた関手圏 $\mathrm{Fun}(\mathcal{C}, \mathcal{D})$ における射の合成としての自然変換の合成，すなわち各成分の合成を考えることで得られる自然変換を**垂直合成**(vertical compositioin)と呼ぶ．一方，関手圏 $\mathrm{Fun}(\mathcal{C}_0, \mathcal{D}_0)$, $\mathrm{Fun}(\mathcal{C}_1, \mathcal{D}_1)$ からそれぞれ自然変換 $t : F_0 \Longrightarrow G_0$, $s : F_1 \Longrightarrow G_1$ をとり，合成関手 $F_1 F_0$ から $G_1 G_0$ への自然変換 st を定めることができるが，これを**水平合成**(horizontal composition)と呼ぶ．

定義[随伴]

関手 $F : \mathcal{C} \longrightarrow \mathcal{D}$, $G : \mathcal{D} \longrightarrow \mathcal{C}$ について，自然変換 $\eta : \mathrm{id}_\mathcal{C} \Longrightarrow$

GF, $\varepsilon: FG \Longrightarrow \mathrm{id}_{\mathcal{D}}$ が存在しているとする．関手を恒等自然変換とみなすことで，$F\eta$ 等の関手と自然変換との合成を水平合成によって定義できるが，これらに関し，$\mathrm{Fun}(\mathcal{C},\mathcal{D})$ の射として
$$\varepsilon F \circ F\eta = 1_F$$
が成り立ち，$\mathrm{Fun}(\mathcal{D},\mathcal{C})$ の射として
$$G\varepsilon \circ \eta G = 1_G$$
が成り立つとき，四つ組 $\langle F, G, \varepsilon, \eta \rangle$ を**随伴**(adjunction)と呼ぶ．

定理

随伴 $\langle F, G, \varepsilon, \eta \rangle$ が与えられたとき，$\mathcal{D}$ の射 $f: F(X) \longrightarrow Y$ に対して
$$\varphi(f) := G(f) \circ \eta_X$$
と定めることで $\mathcal{C}$ の射 $g: X \longrightarrow G(Y)$ が得られる．逆に，$\mathcal{C}$ の射 $g: X \longrightarrow G(Y)$ に対して
$$\psi(g) := \varepsilon_Y \circ F(g)$$
と定めることで $\mathcal{D}$ の射 $f: F(X) \longrightarrow Y$ が得られる．この対応は一対一で
$$\psi(\varphi(f)) = f, \quad \varphi(\psi(g)) = g$$
が成り立つ．

定義[一般射圏(コンマ)]

関手 $\mathcal{A} \xrightarrow{F} \mathcal{C} \xleftarrow{G} \mathcal{B}$ について，$\mathcal{C}$ の射 $f: F(X) \longrightarrow G(Y)$ を，圏 $\mathcal{A}, \mathcal{B}$ からの作用を含めて三つ組 $\langle X, Y, f \rangle$ で表す．これらを対象とし，$\langle X, Y, f \rangle$ から $\langle X', Y', f' \rangle$ への射としては，$\alpha: X \longrightarrow X'$ と $\beta: Y \longrightarrow Y'$ との組 $\langle \alpha, \beta \rangle$ で

$$\begin{array}{ccccc} Y & & G(Y) & \xleftarrow{f} & F(X) & & X \\ {\scriptstyle \beta}\downarrow & \rightsquigarrow^{G} & {\scriptstyle G(\beta)}\downarrow & & \downarrow{\scriptstyle F(\alpha)} & \rightsquigarrow^{F} & \downarrow{\scriptstyle \alpha} \\ Y' & & G(Y') & \xleftarrow{f'} & F(X') & & X' \end{array}$$

を可換にするようなものを考える．こうしてできた圏を**一般射圏(コンマ)**(comma category)と呼び，$(F \to G)$ で表す．

定理 [一般射圏による随伴の特徴付け]

随伴 $\langle F, G, \varepsilon, \eta \rangle$ から定まる φ, ψ は一般射圏 $(F \to \mathrm{id}_{\mathcal{D}})$ と $(\mathrm{id}_{\mathcal{C}} \to G)$ との間の関手とみなせ，圏の圏(圏を対象とし，関手を射とする圏)における同型を与える：

$$\psi\varphi = \mathrm{id}_{(F \to \mathrm{id}_{\mathcal{D}})}, \qquad \varphi\psi = \mathrm{id}_{(\mathrm{id}_{\mathcal{C}} \to G)}$$

逆に，一般射圏の同型 $\varphi : (F \to \mathrm{id}_{\mathcal{D}}) \longrightarrow (\mathrm{id}_{\mathcal{C}} \to G)$, $\psi = \varphi^{-1}$ が与えられたとき

$$\varepsilon_Y = \psi(1_{G(Y)}), \qquad \eta_X = \varphi(1_{F(X)})$$

によって定まる自然変換 ε, η から随伴 $\langle F, G, \varepsilon, \eta \rangle$ が得られる．

定義 [図式]

関手 $\mathcal{J} \longrightarrow \mathcal{C}$ のことを，$\mathcal{J}$ における対象や射自体に興味がなく構造だけに着目するとき，**型 $\mathcal{J}$ の図式**(diagram of type $\mathcal{J}$) と呼ぶ．圏の定義において導入した「図式」とこの「図式」とは同じもので，たとえば例として取り上げた図式は，次のようにその骨組みを抽出した圏からの関手である：

$\mathcal{C}$ の各対象 X は定関手(定図式)を定めるが，この対応から導かれる関手 $\mathcal{C} \longrightarrow \mathrm{Fun}(\mathcal{J}, \mathcal{C})$ を**対角関手**(diagonal functor) と呼び，Δ (圏 $\mathcal{C}$ を明示したいときは $\Delta_{\mathcal{C}}$) と書く．

定義 [極限]

D は圏 $\mathcal{C}$ の型 $\mathcal{J}$ の図式 $\mathcal{J} \longrightarrow \mathcal{C}$ とし，Δ は対角関手 $\mathcal{C} \longrightarrow \mathrm{Fun}(\mathcal{J}, \mathcal{C})$ とする．D を，ただ一つの対象と付随する恒等射のみからなる圏 $\mathbf{1}$ から $\mathrm{Fun}(\mathcal{J}, \mathcal{C})$ への関手とみなしてできる一般射圏 $(\Delta \to D)$ の終対象を D の**極限**(limit) と呼ぶ．また一般射圏の対象を表す三つ組に現れる $\mathcal{C}$ の対象のことも D の極限と呼び，$\mathrm{colim}\, D$ と表す．双対的に，$(D \to \Delta)$ の始対象を D の**余極限**(colimit) と呼ぶ．対応する $\mathcal{C}$ の対象のこともまた余極限と呼び，$\lim D$ と表す．定義により，ある図式に対する極限どうしや余極限どうしは(もし

存在するならば)互いに同型である.

例[極限]

(1) **積** 圏 $\mathcal{J}$ が恒等射以外の射を持たないとき,図式 D の極限(および付随する $\mathcal{C}$ の対象;以下の例では特に断らない)を **積**(product)と呼ぶ.特に $\mathcal{J}$ の対象が2つの場合(以下,恒等射は省略して記す):
$$\mathcal{J} = \boxed{i \quad j}$$
の積である **2項積**(binary product)が重要で,$D(i) = X$, $D(j) = Y$ のとき $X \times Y$ と書き,単に X, Y の積と呼ぶ.積については,「結合法則」
$$X \times (Y \times Z) \cong (X \times Y) \times Z$$
が成立し,「2以上の任意の項数の積」は2項積の繰り返しによって得られる.一般射圏によらず $X \times Y$ の条件を書き下すと,X, Y の積 $X \xleftarrow{\pi_1} X \times Y \xrightarrow{\pi_2} Y$ とは,任意の $X \xleftarrow{f} Z \xrightarrow{g} Y$ に対して,$u : Z \longrightarrow X \times Y$ で

$$\begin{array}{c}
Z \\
{}^{f}\swarrow \quad \downarrow u \quad \searrow^{g} \\
X \xleftarrow{\pi_1} X \times Y \xrightarrow{\pi_2} Y
\end{array}$$

を可換にするものがただ一つ存在する,となる.u を $\begin{pmatrix} f \\ g \end{pmatrix}$ と書く.項数が2未満のものについて,1項積はその対象自身,0項積は終対象となる.これらの場合を含めて,項数が有限の場合の積を **有限積**(finite product)と呼ぶ.

(2) **解**(イコライザ) $\mathcal{J}$ の対象が2つで,恒等射以外には一方の対象から他方への対象への射が2本のみ存在する場合:
$$\mathcal{J} = \boxed{i \rightrightarrows j}$$
D によってうつった $\mathcal{C}$ での図式を
$$X \overset{f}{\underset{g}{\rightrightarrows}} Y$$
とするとき,D の極限を f, g の **解**(イコライザ)(equalizer)と呼び,$E_{f,g} \xrightarrow{\iota_{f,g}} X$ と書く.これは $f \circ \iota_{f,g} = g \circ \iota_{f,g}$ なる射で,ほかにこういった射 $h : Z \longrightarrow X$ があれば,射 $u : Z \longrightarrow E_{f,g}$ で

$$E_{f,g} \xrightarrow{\iota_{f,g}} X \xrightarrow[g]{f} Y$$
$$u \downarrow \nearrow h$$
$$Z$$

を可換にするものがただ一つ存在する．

（3）**引き戻し** $\mathcal{J}$ が
$$\mathcal{J} = \boxed{i \longrightarrow k \longleftarrow j}$$
という型の圏で，D によってうつった $\mathcal{C}$ での図式を
$$X \xrightarrow{f} Z \xleftarrow{g} Y$$
とするとき，D の極限を f, g の**引き戻し**(pullback)と呼び，$X \xleftarrow{p_1} X \times_Z Y \xrightarrow{p_2} Y$ と書く．これは，$f \circ p_1 = g \circ p_2$ なる射で，ほかにこういった射 $X \xleftarrow{x} W \xrightarrow{y} Y$ があれば，射 $u : W \longrightarrow X \times_Z Y$ で

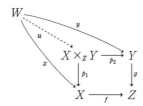

を可換にするものがただ一つ存在する．

例[余極限]

直前の例で述べた各種の極限には，双対の概念，すなわちすべての矢印の向きを反転させたものが存在する．

(1)**余積** 積の双対を**余積**(coproduct)と呼び，X, Y の余積を $X + Y$，射を含める場合は $X \xrightarrow{i_1} X + Y \xleftarrow{i_2} Y$ と書く．ほかの射 $X \xrightarrow{f} Z \xleftarrow{g} Y$ に対して一意に存在する射 $X + Y \longrightarrow Z$ を $(f\,g)$ と書く．

(2)**余解** 解の双対を**余解**(coequalizer)と呼ぶ．

(3)**押し出し** 引き戻しの双対を**押し出し**(push out)と呼ぶ．

定理

有限積を持つ圏において，任意の対象 X に対して $X \times 1 \cong X$．

定理

$\mathcal{C}$ が有限積を持ち，任意の平行射に対して解(イコライザ)を持てば，任意の有限極限が存在する．

定理

関手 $\mathcal{C} \underset{G}{\overset{F}{\rightleftarrows}} \mathcal{D}$ が随伴 $\langle F, G, \varepsilon, \eta \rangle$ を定めているとき，F は余極限を保存し，G は極限を保存する：

$F \operatorname{colim} D \cong \operatorname{colim} FD,$

$G \lim D \cong \lim GD.$

定義[冪]

圏 $\mathcal{C}$ の対象 A を固定する．A との積をとる関手を F_A とする．すなわち，対象 X に対しては $F_A(X) = X \times A$，射 f に対しては $F_A(f) = f \times 1_A$ なるものとする．対象 Y を定関手とみなしてできる一般射圏(コンマ) $(F_A \to Y)$ の終対象に現れる $\mathcal{C}$ の対象を冪(power)と呼び，Y^A と書く．射 $Y^A \times A \longrightarrow Y$ を付値(evaluation)と呼び，eval_Y^A と書く．すなわち，Y^A が冪であるとは，射 $f: X \times A \longrightarrow Y$ があるとき，つねに射 $\tilde{f}: X \longrightarrow Y^A$ で

$$\begin{array}{ccc} Y^A \times A & \xrightarrow{\operatorname{eval}_Y^A} & Y \\ {\scriptstyle \tilde{f} \times 1_A} \uparrow & \nearrow {\scriptstyle f} & \\ X \times A & & \end{array}$$

を可換にするものが一意に存在するときにいう．f から $\tilde{f}$ への対応を λ 変換(λ conversion)と呼ぶ．また，射 $g: X \longrightarrow Y^A$ から $\operatorname{eval}_Y^A \circ F_A(g): X \times A \longrightarrow Y$ への対応を逆 λ 変換(inverse λ conversion)と呼ぶ．

定理[積冪随伴]

上記の定義と同じ記号の下，対象 Y に Y^A を対応させる関手を G_A とする．また $1_{X \times A}$ を λ 変換して得られる射 $X \longrightarrow (X \times A)^A$ を η_X^A とする．eval_Y^A からは自然変換 $\operatorname{eval}^A: F_A G_A \Longrightarrow \operatorname{id}_{\mathcal{C}}$ が，η_X^A からは自然変換 $\eta^A: \operatorname{id}_{\mathcal{C}} \Longrightarrow G_A F_A$ が定まるが，このとき $\langle F_A, G_A, \operatorname{eval}^A, \eta^A \rangle$ は随伴を定める．射 $f: X \times A \longrightarrow Y$ の λ 変換は $G_A(f) \circ \eta_X^A$ で

与えられ，λ変換，逆λ変換は一般射圏 $(F_A \to \mathrm{id}_{\mathcal{E}})$, $(\mathrm{id}_{\mathcal{E}} \to G_A)$ 間の同型射である．

定義[CCC]

有限積と冪とを持つ圏を**カルテジアン閉圏**(Cartesian closed category; CCC)と呼ぶ．

定義[部分対象分類子]

終対象 1 を持つ圏の射 $\mathrm{True} : 1 \longrightarrow \Omega$ が次の性質をみたすとき，これを**部分対象分類子**(subobject classifier)と呼ぶ．対象 Ω のことも部分対象分類子と呼ぶこともある．

任意の単射 $m : B \longrightarrow A$ に対して，以下の図式が引き戻しとなるような**特性射**(characteristic morphism) χ_m が一意に存在する：

$$\begin{array}{ccc} B & \xrightarrow{!_B} & 1 \\ m \downarrow & & \downarrow \mathrm{True} \\ A & \xrightarrow{\chi_m} & \Omega \end{array}$$

定義[トポス]

有限極限，有限余極限，冪および部分対象分類子を持つ圏を**トポス**(topos)と呼ぶ．なお，有限余極限の存在はほかの仮定から導けることであるが，多くの準備を必要とするため，ここでは仮定に含めることとする．

定理

トポスにおいて，単射かつ全射ならば同型射である．

定義[像]

圏 $\mathcal{E}$ における射 $f : X \longrightarrow Y$ に対し，単射 $m : I \longrightarrow Y$ が f の**像**(image)であるとは，適当な射 $e : X \longrightarrow I$ で $f = m \circ e$ となるものが存在し，かつほかに単射 $m' : I' \longrightarrow Y$ と射 $e' : X \longrightarrow I'$ とで

$f = m' \circ e'$ となるものが存在したときには, 射 $u : I \longrightarrow I'$ で $m = m' \circ u$ なるものが一意に存在するときにいう.

定理

トポスにおいて, 任意の射 f は像 m を持ち, 適当な全射 e を用いて $f = m \circ e$ と表すことができる.

定義［要素］

終対象 1 を持つ圏において, 終対象から X への射を X の**要素**(element, global element)あるいは**点**(point)と呼ぶ.

定義［well-pointed］

終対象 1 を持つ圏 $\mathcal{C}$ が well-pointed であるとは, $\mathcal{C}$ の任意の相異なる射 $f, g : X \longrightarrow Y$ に対して X の要素 $p : 1 \longrightarrow X$ で $f \circ p \neq g \circ p$ なるものが存在し, かつ, 1 が始対象でないことである. この公理は「要素」すなわち「点」が充分にあるということを述べている.

定義［選択公理］

圏が**選択公理**(axiom of choice)をみたすとは, 任意の全射 $f : X \longrightarrow Y$ に対して $s : Y \longrightarrow X$ で $f \circ s = 1_Y$ なるものが存在するときにいう.

定義［自然数対象］

終対象 1 を持つ圏 $\mathcal{C}$ における**自然数対象**(natural number object)とは, $\mathcal{C}$ の対象 N で

- 要素 $0 : 1 \longrightarrow N$
- 射 $s : N \longrightarrow N$

を備えたもので, ほかのこの条件を満たす対象 X, 要素 a, 射 f があったとき, 射 $u : N \longrightarrow X$ で

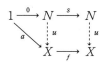

を可換にするものが存在するようなものをいう．

定義 [集合圏 Set]

集合圏 Set とは，well-pointed で選択公理をみたし，自然数対象を持つトポスである．

定理

Set において $\Omega \cong 1+1$ であり，ちょうど 2 つの要素をもつ (True でないほうを False と書く)．

索引

●記号・数字・アルファベット
≅……171
2階線型斉次微分方程式……103
2階の微分方程式……103
2項積……175
D……24
d/dt……80
δ……116
e……29
exp……29
i……68
λ変換……177
ln……29
LTIシステム……115
π……74
well-pointed……179

●あ行
域……169
移行原理……154
解(イコライザ)……175
一様収束……52
一様ノルム……62
一様連続……37
一般解……92
インパルス応答……117
運動方程式……83
オイラーの公式……72
押し出し……176

●か行
解析関数……51
解像関手……149
階段関数……56
外的……152
ガウス分布……132
可換……170
可換原理……156
拡散方程式……133
各点収束……52
重ね合わせの原理……110
加速度……83
片対数グラフ……19
可微分……23
加法定理(三角関数の加法定理)……73
カルテジアン閉圏……178
関手……171
関手圏……172
関数……2
関数環……122
完備性……63
基本解……132
逆λ変換……177
逆関数……5
逆関数の微分……30
逆射……170
急減少関数……130
キュムラント……135
キュムラント母関数……135
極限……174
距離……160
距離空間……160
結合律……4
(射の)結合律……169
ゲルファント変換……123
圏……169
原始関数……38
減衰……105
減衰振動……106
広義一様収束……54

広義の原始関数……56
光子……95
合成……4
（射の）合成……169
（関手の）合成……171
合成関数の微分……26
恒等関手……171
恒等関数……4
恒等射……169
コンパクト……166
一般射圏……173

● さ行
最大値の定理……167
作用素……24
三角関数……72
自己関手……171
指数関数……9
自然数対象……179
自然対数の底……29
自然変換……172
始対象……171
射……169
集合圏 Set……180
終対象……171
終端速度……83
周波数特性……118
シュワルツ空間……130
シュワルツ超関数……130
常用対数表……17
剰余項……49
初期条件……40
初等公理……150
垂直合成……172
随伴……173
水平合成……172
図式……174
正規分布……120
斉次……103

正則関数……75
成分……172
積……175
積の微分……26
積分……42
切断……146
線型作用素……91
線型時不変システム……115
（微分の）線型性……26
線型微分方程式……91
全射……170
選択公理……179
像……178

● た行
対角関手……174
対象……169
代数学の基本定理……77
対数関数……13
対数関数の微分……30
対数目盛……17
たたみ込み……114
単位律……170
単射……170
置換積分……62
中間値の定理……164
中心極限定理……134
超関数……129
超準……152
調和振動子……106
定関手……171
定積分……47
底の変換公式……16
テイラーの定理……49
テスト関数……129
デルタ関数……130
同型……170
同型射……170
特殊解……92

特性関数……135
特性射……178
特性方程式……104
独立同分布……133
トポス……178
ドレスト光子……99

◉な行
内的……152
内部集合論……159
熱伝導方程式……131
ノルム……62
ノルム空間……63

◉は行
バナッハ環……65
バナッハ空間……63
汎関数……122
半減期……14
非可換確率論……124
引き戻し……176
非線型微分方程式……110
微分作用素……24
微分積分学の基本定理……49
微分と一様収束の可換性……64
微分方程式……38
標準……152
標準部分……164
フーリエ逆変換……119
フーリエ反転公式……118
フーリエ変換……119
フォトン……95
不確定性原理……121
付値……177
不定積分……47
部分積分……61

部分対象分類子……178
ブラウン運動……133
ヘヴィサイドの階段関数……128
冪……177
変数分離形の微分方程式……80
偏微分……131
偏微分方程式……131
ポアソン分布……97
方正関数……59
ホワイトノイズ……137

◉ま行
無限解析……148
無限小……158
無限大……158
無限に近い……161
モデルの適用領域……84

◉や行
有限性公理……155
有限積……175
有限増分の不等式(有限増分の定理)……36
有限大……158
余域……169
要素……179
余解……176
余極限……174
余積……176

◉ら行
ランダムウォーク……133
リウヴィルの定理……75
両対数グラフ……19
臨界減衰……106
連続関数……8
ロジスティック・モデル……86

西郷甲矢人
さいごう・はやと
1983 年生まれ．長浜バイオ大学准教授．
専門は数理物理学(非可換確率論)．
著書に『圏論の歩き方』(編著，日本評論社) がある．

能美十三
のうみ・じゅうぞう
1983 年生まれ．会社員．

指数関数ものがたり
し　すう　かん　すう

2018 年 4 月 10 日　第 1 版第 1 刷発行
2022 年 11 月 20 日　第 1 版第 2 刷発行

著者　────　西郷甲矢人，能美十三
発行所　────　株式会社　日本評論社
　　　　　　〒170-8474 東京都豊島区南大塚 3-12-4
　　　　　　電話　(03) 3987-8621 ［販売］
　　　　　　　　　(03) 3987-8599 ［編集］

印刷　────　株式会社　精興社
製本　────　株式会社　難波製本
装丁　────　STUDIO POT (山田信也)

Copyright © 2018 Hayato SAIGO, and Jyuzou NOUMI.
Printed in Japan
ISBN 978-4-535-78848-0

［JCOPY］〈(社)出版者著作権管理機構　委託出版物〉

本書の無断複写は著作権法上での例外を除き禁じられています．複写される場合は，そのつど事前に，(社)出版者著作権管理機構(電話: 03-5244-5088, fax: 03-5244-5089, e-mail: info@jcopy.or.jp)の許諾を得てください．また，本書を代行業者等の第三者に依頼してスキャニング等の行為によりデジタル化することは，個人の家庭内の利用であっても，一切認められておりません．

圏論の歩き方

圏論の歩き方委員会[編]

数学のみならず、量子論やプログラミング言語理論、生物ネットワークなど、周辺分野との共通言語として注目が集まる「圏論」。その基礎と応用事例を紹介する。

■A5判 ■定価**4,180**円(税込) ISBN978-4-535-78720-9

目次 第1章 [座談会] 圏論と異分野協働──今出川不純集会／第2章 圏の定義◎蓮尾一郎／第3章 タングルの圏◎鈴木咲衣＋葉廣和夫／第4章 プログラム意味論と圏論◎長谷川真人／第5章 モナドと計算効果◎勝股審也／第6章 モナドのクライスリ圏◎蓮尾一郎／第7章 表現を〈表現〉する話◎小嶋 泉＋西郷甲矢人／第8章 [座談会] 歩き方の使い方──今出川不純集会, ふたたび／第9章 ガロア理論と物理学◎小嶋 泉＋西郷甲矢人／第10章 圏論的双対性の「論理」◎丸山善宏／第11章 圏論的論理学：トポス理論を越えて◎丸山善宏／第12章 すべての人に矢印を◎西郷甲矢人／第13章 ホモロジー代数からアーベル圏, 三角圏へ◎阿部弘樹＋中岡宏行／第14章 表現論と圏論化◎土岡俊介／第15章 圏論と生物のネットワーク◎春名太一／第16章 [座談会] 「数学本流」にはなりたくない──今出川不純集会, 三たび／第17章 圏論のつまづき方

現象から微積分を学ぼう

垣田高夫・久保明達・田沼一実[著]

身の回りにあるさまざまな現象を例にあげ、そのモデルを解釈するための説明を通して、微積分を基本から学んでいく。 ■A5判 ■定価**3,630**円(税込) ISBN978-4-535-78647-9

目次 第1章 極限・連続 1.1 富士山のモデル／1.2 数列と関数のつながり／1.3 実数の連続性・数の集合の上限・下限(曲線の長さ)／1.4 連続関数の基本的性質

第2章 微分法 2.1 稜線に接線を引く／2.2 微分法の公式／2.3 三角関数と逆三角関数／2.4 指数関数・対数関数／2.5 微分方程式(常微分方程式)／2.6 導関数のはたらき(増加と減少) ほか

第3章 積分法 3.1 集積体から定積分へ／3.2 定積分の定義／3.3 定積分の諸性質／3.4 曲線の長さ(続き)／3.5 定積分・不定積分の計算／3.6 広義積分／3.7 広義積分と曲線(続 曲線の曲がり度)／3.8 血液の流れ

第4章 偏微分法 4.1 曲面の上を歩く(2変数関数の連続性, 偏微分係数と偏導関数)／4.2 曲面上の路の傾き(合成関数の偏微分法)／4.3 山のけわしい路, ゆるやかな路(方向微分)／4.4 接平面, 微分 ほか

第5章 重積分法 5.1 積分とは「細分して積む」／5.2 立体の体積(2重積分)／5.3 2重積分の変数変換／5.4 立体の重さ(3重積分)／5.5 粒子の系から連続体へ／5.6 ポテンシャルエネルギー

https://www.nippyo.co.jp/